Farman Ullah
Bashir Ahmad

Epidemiologia molecular de Staphylococcus Aureus em Khyber Pakhtunkhwa

Farman Ullah
Bashir Ahmad

Epidemiologia molecular de Staphylococcus Aureus em Khyber Pakhtunkhwa

ScienciaScripts

Cover image: www.ingimage.com

This book is a translation from the original published under ISBN 978-3-659-87632-5.

Publisher:
Sciencia Scripts
is a trademark of
Dodo Books Indian Ocean Ltd. and OmniScriptum S.R.L publishing group

120 High Road, East Finchley, London, N2 9ED, United Kingdom
Str. Armeneasca 28/1, office 1, Chisinau MD-2012, Republic of Moldova, Europe
Managing Directors: Ieva Konstantinova, Victoria Ursu
info@omniscriptum.com

Printed at: see last page
ISBN: 978-620-8-61051-7

Índice:

Dedicação

Dedicar ao nosso Santo Profeta Muhammad (S.A.W.W) e à humanidade

AGRADECIMENTOS

Inúmeros agradecimentos ao Todo-Poderoso **"ALLAH"**, o mais Misericordioso, que concedeu a sua misericórdia sobre mim e me deu visão e coragem para concluir esta dissertação.
Sinto-me altamente privilegiado ao aproveitar esta oportunidade para expressar os meus mais sinceros agradecimentos ao meu orientador, Dr. Bashir Ahmad, Professor de Mérito, Centro de Biotecnologia e Microbiologia, Universidade de Peshawar, pelos seus conhecimentos, experiência, orientação, encorajamento, sugestões valiosas e especializadas ao longo da realização deste estudo.Os meus sinceros agradecimentos são devidos especialmente aos meus dignos co-orientadores Dr. Jawad Ahmed, Professor do Instituto de Ciências Médicas Básicas, Universidade Médica de Khyber, Peshawar e Dr. Han Sang Yoo, Departamento de Doenças Infecciosas, Faculdade de Medicina Veterinária, Universidade Nacional de Seul, Coreia, pela sua brilhante abordagem, versatilidade, comportamento afetuoso e constante motivação durante o presente estudo.
Os meus sinceros agradecimentos ao Dr. Inamullah, responsável pela clínica-laboratório do Khyber Teaching Hospital (KTH) Peshawar, ao assistente de laboratório Hafeezullah, a Sherin Badsha e a Mehmood Jan pela sua cooperação.Expresso os meus agradecimentos ao Dr. Farhat Ullah, ao Dr. Faisal Asghar, ao Dr. Ibrar Khan, ao Dr. Sadiq Azam, ao Dr. S. Uzair Ali Shah e a Zulfiqar Ahmad pelo seu dinamismo, pelas suas competências pedagógicas, pelos seus conhecimentos e pela sua gentileza, que foram inestimáveis para mim.
Um agradecimento especial à Comissão do Ensino Superior (HEC) do Paquistão pelo apoio financeiro e um profundo reconhecimento ao meu cônjuge, pais, irmãos e irmãs mais velhos pelo seu encorajamento e apoio ao longo do meu trabalho de investigação.

FARMAN ULLAH

Epidemiologia molecular de *Staphylococcus aureus*, um estudo de caso de Khyber Pakhtunkhwa, Paquistão

Resumo

O presente estudo foi realizado de junho de 2010 a junho de 2014 no Khyber Teaching Hospital (KTH) e no Hayatabad Medical Complex (HMC), Peshawar, Paquistão, para conhecer a prevalência da resistência aos antibióticos e a epidemiologia molecular do *Staphylococcus aureus*. Os espécimes incluem pus, sangue e urina recebidos para cultura e sensibilidade. *O S. aureus* foi identificado a nível molecular utilizando a reação em cadeia da polimerase (PCR). As estirpes identificadas foram submetidas a testes antimicrobianos através do método de difusão em disco e do método da concentração inibitória mínima (CIM), de acordo com as diretrizes do Clinical Laboratory and Standards Institute (CLSI). Foram também aplicados discos de cefoxitina, 30 pg, na sensibilidade da cultura para detetar estirpes de *S. aureus* resistentes à meticilina (MRSA). A maioria dos *S. aureus* foi isolada de infecções cutâneas. Num total de 445 isolados, 273 (61,34%) eram MRSA. As amostras colhidas no laboratório clínico do KTH foram designadas por KLS (n=167), as amostras ambientais do KTH por KE (n=64), os isolados de sangue do KTH por KLBS (n=15), as notas de moeda do KTH por CRN (n=18), as amostras da unidade de queimados do KTH por KBRN (n=89) e os isolados colhidos no complexo médico de Hayatabad por HMC (n=92). De um modo geral, entre os antibióticos testados contra o *S. aureus*, a vancomicina foi o mais potente de todos os antibióticos, ao qual 89,89% dos isolados eram susceptíveis. A seguir à vancomicina, o ácido fusídico, a rifampicina, a linezolida e o cloranfenicol inibiram 84,94%, 83,37%, 83,15% e 81,12% dos isolados, respetivamente. Entre os 445 isolados, 73,03% eram susceptíveis à doxiciclina, 62,47% à amicacina e 60% ao meropenem. A gentamicina, a claritromicina e a ciprofloxacina tiveram uma atividade média, ou seja, 53,93%, 44,04% e 41,57%, respetivamente. Os restantes antibióticos tiveram actividades inferiores a 40 %. As estirpes de MRSA foram consideradas mais resistentes do que as de MSSA. A razão para a resistência à eritromicina foi investigada geneticamente. Nos isolados de KLS, foram encontrados *ermA*, *ermB* e *ermC* em 40 (23,95%), 35 (20,95%) e 39 (23,35%), respetivamente. A maioria destes isolados *erm* positivos eram MRSA. Nos isolados KE, a prevalência de *ermA* (17,19%), *ermB* (17,19%) e *ermC* (28,12%) foi baixa. O *ermA* 6 (66,67%) e *o ermC* 2 (22,22%) também foram encontrados nos isolados CRN. Nos isolados HMC, o *ermA* 30 (32,61%), *o ermB* 16 (17,39%) e *o ermC* 27 (29,35%) foram bastante significativos. A prevalência dos genes *erm* foi baixa nos isolados KBRN. O gene da Leucocidina de Panton Valentine (*pvl*) foi mais encontrado no *S. aureus* MSSA suscetível à meticilina do que no MRSA. Na amostra do KLS e do CRN, a prevalência de *pvl* no MSSA foi de 54 (80,60%) e 8 (88,89%), enquanto no MRSA foi de 48 (48%) e 4 (44,44%), respetivamente. A presença de enterotoxinas *estafilocócicas* (*sea, seb, sec, sed*) e da toxina-1 do síndroma do choque tóxico (*tst*) foi determinada por PCR. Foi observado um padrão altamente diversificado na prevalência dos genes das toxinas. O gene mais frequentemente detectado foi o *sea*, seguido do *seb e* do *sec*. O gene sed não foi detectado em todos os 445 isolados. A prevalência do gene *tst* foi baixa e só foi detectada em 11 (0,02%) estirpes. Os MRSA (n=54) dos isolados da KBRN foram estudados por eletroforese em gel de campo pulsado (PFGE). Foram identificados 14 grupos por PFGE. Estes grupos incluíam 29 pulso-tipos diferentes que eram predominantes na Unidade de Queimados. Do total dos 29 tipos, 11 estirpes ocorreram duas ou mais vezes como os mesmos pulso-tipos. As estirpes de MRSA foram consideradas altamente resistentes à penicilina e à cefalosporina (85-100 %). Entre os agentes anti-estafilocócicos testados, 17% das estirpes eram resistentes tanto ao ácido fusídico como à linezolida. A suscetibilidade à vancomicina foi de 100%. Foram detectados pulso-tipos semelhantes aos prevalecentes nas unidades de queimados. Para além das semelhanças entre as estirpes, também existe diversidade, uma vez que foram detectados 29 pulsotipos no total de 54 estirpes de MRSA isoladas de doentes com queimaduras.

Capítulo 1

Introdução e revisão da literatura

1. Introdução

O Staphylococcus aureus (*S. aureus*) é um cocos Gram-positivo que faz parte do microbiota normal do ser humano e que se encontra frequentemente no trato respiratório e na pele. Normalmente, *o S. aureus* não é patogénico, mas, ainda assim, tem a capacidade de causar várias doenças, incluindo infecções cutâneas, como a síndrome da pele escaldada, borbulhas, furúnculos, foliculite, celulite, abcessos, carbúnculos, até doenças potencialmente fatais, como bacteriemia, pneumonia séptica, osteomielite, meningite, endocardite e síndrome do choque tóxico (SCT). *O S. aureus* é um dos agentes causadores de infecções nosocomiais (adquiridas no hospital), bem como de infecções de feridas pós-cirúrgicas [1].

A classificação científica de *Staphylococcus aureus* é a seguinte [2].

Domínio:	Bactérias
Reino:	Eubactérias
Filo:	Firmicutes
Classe:	Coccus
Encomendar:	Bacillales
Família:	Staphylococcaceae
Género:	*Staphylococcus*
Espécie:	*aureus*

O S. aureus foi isolado pela primeira vez do pus de um abcesso cirúrgico de uma articulação do joelho em 1980 e identificado por Sir Alexander Ogston [3], tendo sido designado *Staphylococcus aureus* por Rosenbach, de acordo com a nomenclatura biológica.

Staphylococcus aurous é uma combinação do grego *staphyle*, que significa "cacho de uvas", e *kokkos*, que significa "baga". A palavra *aurous* é uma palavra latina que significa "dourado".

Isto deve-se ao facto de o *S. aureus* se parecer com cachos de corpos arredondados como cachos de uvas ao microscópio e dar colónias de cor dourada na superfície do ágar-sangue, o que é útil na sua identificação [4]. *O S. aureus*, quando dividido por fissão binária, não se separa completamente e permanece aderido um ao outro, o que resulta na formação de cachos semelhantes a uvas [5].

1.1 Caraterísticas culturais e bioquímicas de *S. aureus*

S. aureus produz colónias douradas em forma de cúpula em ágar sangue (meio enriquecido) porque se divide em três planos Fig 1.1. Produz colónias de cor amarela em ágar-sal de manitol (MSA), que é um meio seletivo para estafilococos. O MSA contém 7,5 % de NaCl que permite o crescimento apenas *de S. aureus*, formando colónias de cor amarela devido à fermentação do manitol e resultando na queda do pH do meio [1]. *Os S. aureus* são catalase (formação de bolhas em H2O2), coagulase (formação de coágulos de fibrina) e DNase (zona de depuração em ágar DNase) positivos, o que ajuda a identificá-los até ao nível de espécie [6].

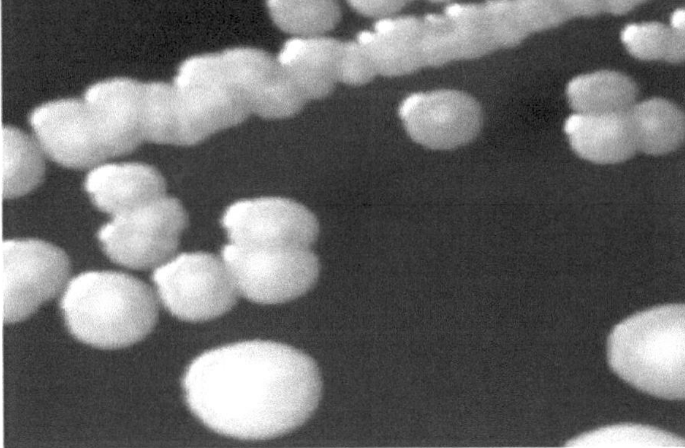

Fig 1.1: *S. aureus* produz colónias de cor dourada em ágar sangue

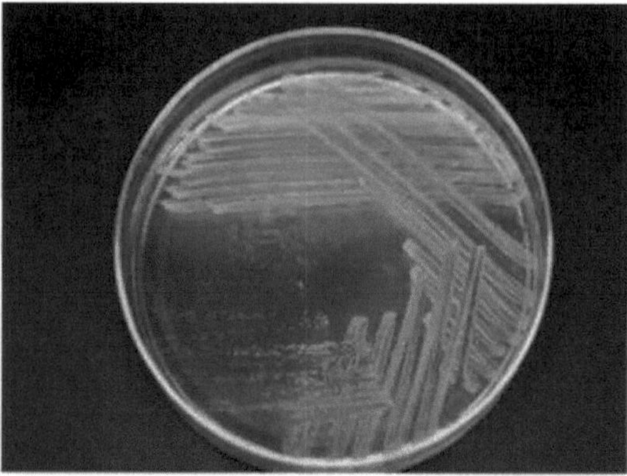

Fig 1.2: Crescimento *de S'. aureus* (colónias de cor amarela) em MSA

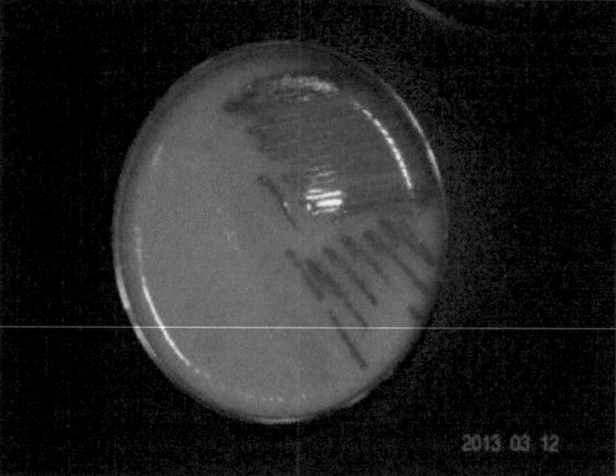

Fig 1.3: Crescimento *de S'. aureus* em ágar brilhante MRSA 2

1.2 *S. aureus* resistente à meticilina (MRSA)

O S. aureus resistente à meticilina (MRSA) é uma estirpe resistente de *S. aureus* que se desenvolveu resistência aos antibióticos P-lactâmicos, incluindo as penicilinas (amoxicilina, oxacilina, meticilina, etc.) e a cefalosporina. A aquisição desta resistência não conduz a uma maior virulência intrínseca do organismo do que as estirpes de *S. aureus* que não têm resistência aos antibióticos, mas devido a esta resistência, as infecções por MRSA são mais difíceis de erradicar com os tipos normais de antibióticos e, por conseguinte, mais perigosas [7].

O MRSA começou por ser uma infeção adquirida no hospital, mas desenvolveu um estatuto endémico limitado e é agora, por vezes, adquirido na comunidade. Os termos HA-MRSA (MRSA associado aos cuidados de saúde) e CA-MRSA (MRSA associado à comunidade) reflectem esta distinção.

1.3 Virulência e patogénese de *S. aureus*

A virulência do *S. aureus* depende da presença de algumas proteínas de ligação na sua superfície, como a fibronectina, a laminina e o fator de ligação ao fibrinogénio, que estão envolvidas na adesão às superfícies celulares e aos biomateriais, causando assim a colonização [8]. A secreção de invasinas, incluindo a estafilocinase e a coagulase [9] por *S. aureus*, também desempenha um papel na penetração das células hospedeiras.

Existem estirpes de *S. aureus* que produzem proteínas de superfície, por exemplo, a proteína A, que impede a opsonização ligando-se à imunoglobulina G numa orientação incorrecta, resistindo assim à fagocitose pelas células de defesa do hospedeiro [10]. A mesma ação é realizada pelo polissacárido capsular (microcápsula) ligado à superfície da célula [11]. O pigmento carotenoide de cor dourada produzido por *S. aureus* confere-lhes resistência à fagocitose devido às suas propriedades antioxidantes [12; 13]. Várias enzimas, por exemplo, a catalase e a coagulase produzidas por *S. aureus* são responsáveis pela sua sobrevivência no interior das células fagocíticas. Assim, o sistema imunitário de um hospedeiro é contornado por todos estes factores de

sobrevivência [14].
As toxinas esfoliantes estão envolvidas na doença síndrome da pele escaldada estafilocócica (SSSS). Estas toxinas têm atividade de esterase e protease que provoca a descamação da pele. Estas toxinas apresentam-se em duas formas antigenicamente diferentes, ETA e ETB [15; 16]. Algumas estirpes de *S. aureus* produzem a Toxina da Síndrome do Choque Tóxico (TSST-1) e a enterotoxina estafilocócica, que têm seis tipos antigénicos, de A a G. Diz-se que estas toxinas têm propriedades superantigénicas. Devido a estas propriedades, um grande número de células T é estimulado de forma não específica sem o reconhecimento normal do antigénio. Isto resulta numa libertação maciça de citocinas e em sintomas de SST [17].
O S. aureus também pode produzir a-hemolisina, p-toxina, 8-toxina, Y-toxina e leucocidina, que são toxinas que danificam as membranas. Estas toxinas ligam-se ao recetor de a-toxina da célula hospedeira, o que resulta em pequenos poros na célula, acabando por lisar a célula por pressão osmótica. A este respeito, as plaquetas e os monócitos humanos são particularmente susceptíveis a estas toxinas [18].
A produção destes factores virulentos é assinalada pelas condições ambientais que os rodeiam, por exemplo, na meningite e nas infecções de feridas causadas por *S. aureus* [19].

1.4 Formação de biofilme em *S. aureus*

Os biofilmes são sistemas microbianos organizados que consistem basicamente em camadas de células microbianas associadas a superfícies. As células bacterianas estão embebidas numa matriz autoproduzida de substância polimérica extracelular (EPS) designada por lodo e é geralmente composta por polissacáridos, ADN extracelular e proteínas. Os biofilmes podem formar-se em superfícies vivas ou não vivas e podem ser predominantes em ambientes naturais, hospitalares e industriais [20; 21; 22].
Os biofilmes produzidos por estafilococos nos dispositivos implantados nos doentes são responsáveis por infecções crónicas nos hospitais [23]. Os investigadores demonstraram que *o S. aureus* também forma biofilmes, para além do *S. epidermidis* [24; 25; 26; 27].
Na formação do biofilme, os microrganismos começam por se fixar a uma superfície (Fig. 1.4, fase 1) e, em seguida, aderem uns aos outros (Fig. 1.4, fase 2) para formar aglomerados de células com várias camadas [20; 25; 28]. Após estes eventos, ocorre um processo de maturação complexo (Fig. 1.4, fases 3 e 4) que constrói um biofilme funcional com desenhos tridimensionais adequados, com canais sofisticados para a circulação de nutrientes e moléculas de sinalização. Por fim, ocorre a dispersão (Fig. 1.4, fase 5) que liberta as células para novos destinos e o ciclo fica concluído.
As células bacterianas fixam-se à superfície de forma fraca e reversível. As células temporariamente ligadas tentam ocupar permanentemente a superfície através da secreção de algumas proteínas de superfície que são conhecidas como componentes da superfície microbiana que reconhecem moléculas de matriz adesiva (MSCRAMMs) [29]. Depois disto, a aderência intercelular começa por vários mecanismos, tais como a secreção de adesões intercelulares de polissacáridos (PIA), um glicocálix [30]. Os PIA são polímeros de N-acetilglucosamina (PNAG) com ligação ß-1,6, cuja produção é controlada pelo operão *ica* (adesão intercelular) [31; 20; 24; 25; 28; 30]. Sabe-se que as estirpes negativas de PIA causam muito menos infecções relacionadas com cateteres do que as mutantes positivas de PIA em modelos animais [32].

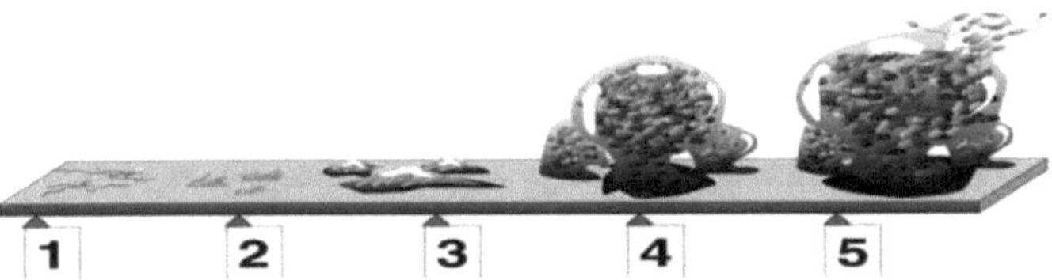

a) "Cinco fases envolvidas no processo de desenvolvimento e maturação do biofilme" [33] (Crédito da imagem: D. Davis)

b) "Formação de um biofilme na extremidade de um cateter" "Microscopia eletrónica de um biofilme formado na extremidade de um cateter. O substrato adesivo pode ser visto onde algumas destas colónias se libertaram, como mostra a seta.

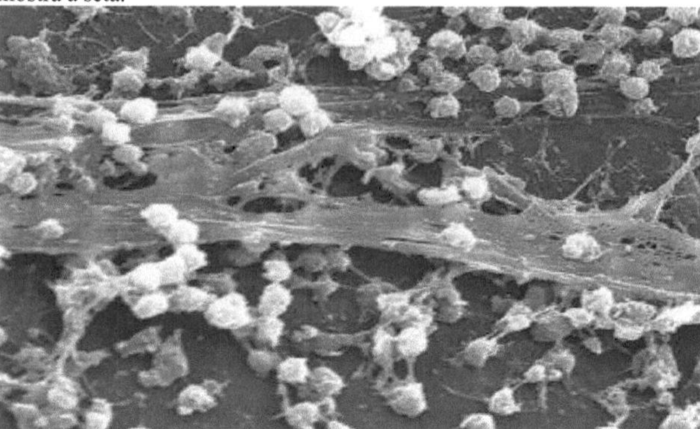

Fig 1.4: Formação de biofilme. Crédito da imagem: CDC/ Rodney M. Donlan, Ph.D.; Janice Carr (PHIL #7488), 2005.

Alguns investigadores provaram que a formação de biofilme foi observada independentemente de Produção de PIA [34], e mesmo que a *ica* não esteja presente, isto sugere que deve haver vias para a formação de biofilme que são dependentes e independentes da *ica* [31; 35].

O operão *ica* é composto por um regulador *icaR* localizado a montante em orientação oposta com quatro quadros de leitura aberta. Numerosas proteínas reguladoras; penetrância estão envolvidas na produção de biofilmes em *Staphylococci* e a manifestação do operão *icaADBC* é apenas um fator [36]. Os estudos em que se exploram os genes e os factores ambientais que afectam a criação de biofilme são apresentados na Tabela 1.1. Estes exemplos são apenas algumas ilustrações, mas existem ainda muitos mais.

Poderá haver a possibilidade de os mecanismos responsáveis pela produção de biofilme, ou seja, a manifestação do gene *ica* e a criação de polissacáridos, ocorrerem em resposta a factores ambientais semelhantes a outros factores de virulência.

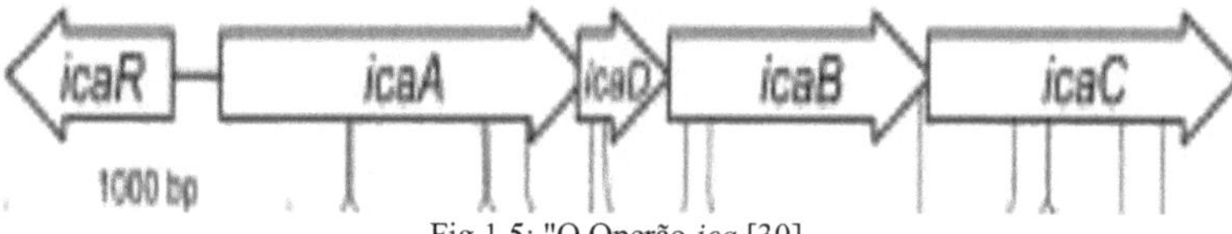

Fig 1.5: "O Operão *ica* [30].

Esta teoria suporta uma baixa prevalência de formação de biofilme a partir de isolados clínicos de *estafilococos*, em comparação com os isolados *in vitro*" [26]. A ocorrência do operão *ica* em *estafilococos* recolhidos de áreas infectadas foi estudada em muitos casos, que são apresentados na Tabela 1.1. Sugere-se que a ocorrência do operão *ica* nas estirpes clínicas de *S. aureus* poderia ser considerada como um marcador de virulência na identificação de rotina de certas estirpes virulentas [31], o que realça o valor deste loci genético e a necessidade de mais investigação.

Tabela 1.1: Vários estudos sobre genes e factores ambientais que afectam os biofilmes, e a presença dos loci *ica* em estirpes recolhidas de diferentes áreas infectadas

Gene estudado	O que os genes codificam	Referência
CAN	Gene da adesina do colagénio: 29% das estirpes eram *cna-positivas* e também capazes de se ligar ao colagénio *in vitro*. 83% das estirpes eram formadoras de limo.	[27]
SarA	Regulador acessório *estafilocócico*: ativa o desenvolvimento do biofilme de *S. aureus* através do aumento da transcrição do operão *ica* e da supressão da transcrição (ou da repressão da sua síntese) de uma proteína envolvida no turnover de PIA/PNAG.	[37]

SigmaB	Fator de transcrição, tem um papel na formação de biofilme, no entanto o seu efeito na *ica* é desconhecido.	[38]
Bap	Os resultados sugerem que a proteína Bap compensa uma deficiência de PIA-PNAG (produto ica).	[25]
IcaR	Encontrado a montante de *icaADBC*, actuando como um importante regulador ambiental na expressão de *ica*.	[39]
Ambiental fator	**Efeito do fator ambiental**	
Stress osmótico	Formação induzida de biofilme	[38]
Ambiente aeróbico	O ambiente aeróbico estimula a produção de PIA/PNAG.	[40]
Local da infeção	**Resultados experimentais e prevalência do operão *ica***	
Implantes cocleares	Apenas *S. aureus* foi detectado crescendo em implantes cocleares removidos de pacientes com infecções. Foram observadas substâncias poliméricas extracelulares, demonstrando a presença de biofilme e a necessidade de investigação nesta área.	[41]
Implantes ortopédicos em aço	A maioria das estirpes *de S. aureus* era capaz de formar biofilmes e os biofilmes estabelecidos eram resistentes à gentamicina.	[42]
Cateter associado	61% das estirpes de *S. aureus* eram *icaA* e *icaD* positivas.	[31]
infecções		
Infecções das articulações protésicas	100% dos *S. aureus* (N=55) isolados eram *icaA* positivos.	[43]
Mastite bovina	35 dos 35 testes foram positivos para *icaA* e *icaD*, enquanto apenas 24 foram positivos em ágar vermelho Congo.	[44]
Isolados clínicos	35,2% dos *S. aureus icaA* e *icaD* positivos	
Transportadores do pessoal hospitalar	22,2% de *S. aureus icaA* e *icaD* positivos	[45]
Isolados clínicos	68,9% dos MRSA eram positivos para *ica* e *mecA*	[46]
Isolados clínicos e portadores	91% dos MRSA eram *icaD* positivos e todas as estirpes *icaD* negativas eram *icaA* positivas. 47% dos MRSA e 69% dos MSSA produziram biofilme *in vitro*.	[47]

1.5 Leucocidina de Panton Valentine (PVL)

A leucocidina é uma "toxina de bactérias patogénicas que danifica os glóbulos brancos". Proporciona defesa às bactérias contra os efeitos nocivos de vários sistemas imunitários, bem como ajuda a ocupar e a aderir ao tecido do hospedeiro para causar uma doença. *S. aureus* produz várias proteínas extracelulares [48] e a PVL é um desses agentes [49; 50]. Foi isolada pela primeira vez a partir de estirpes de *S. aureus* com proteases V8 num doente que sofria de furunculose crónica por Panton e Valentine [51]. Pertence à família das toxinas

formadoras de poros, recentemente descritas como toxinas sinergogénicas [52]. É constituída por dois componentes de toxina (*lukS* PV e *lukF* PV) que são diferenciados por eluição numa coluna de permuta iónica, uma vez que S significa eluição lenta e F significa eluição rápida [53; 54]. Para a atividade leucotóxica, é necessária a presença de ambos os componentes [55]. Outra toxina produzida por *S. aureus* é a hemolisina gama, que também é composta por dois componentes. A ação da PVL é independente das hemolisinas, ou seja, uma estirpe pode produzir hemolisina e não leucocidina e vice-versa [51; 56].
Tanto *LukS-PV* como *LukF-PV* pertencem a um único operão. A toxina PVL é um fator de virulência muito comum e está associada a MRSA adquirido na comunidade (CA-MRSA). É uma das causas da elevada taxa de mortalidade em caso de pneumonia necrotizante. Sabe-se também que o MRSA-CA pode albergar a toxina 1 do síndroma do choque tóxico e, raramente, toxinas esfoliativas [57]. O MRSA-CA pode causar um surto e também pode tornar-se virulento. No entanto, a produção de toxinas de leucocidina de Panton-Valentine (PVL) por CA-MRSA é particularmente preocupante, considerando-se que contribui para o aumento da sua virulência [58].
Alguns dados mostram que menos de 5% das estirpes de *S. aureus* produzem a toxina PVL na Europa Ocidental. A citotoxina é conhecida por causar a destruição dos leucócitos e a necrose dos tecidos, em especial os neutrófilos polimorfonucleares (PMN) e os macrófagos [59]. O componente S- das leucotoxinas liga-se diretamente a um canal de Ca^{2+} ou a um recetor que está ligado a um canal de Ca^{2+}. Em seguida, o componente F provoca a abertura do canal de $Ca^{(2+})$, levando ao influxo de Ca^{2+}. Em seguida, a toxina é penetrada, originando um poro na membrana e, consequentemente, levando à libertação de mediadores inflamatórios como a histamina, o leucotrieno B4 e a IL-8 [60; 61; 50; 62].
Prevost *et al.*, em 1995, clonaram e sequenciaram pela primeira vez os genes que codificam PVL. Os genes *lukF-PV* e *lukS-PV* codificam proteínas de peso molecular 34.000 (compostas por 325 aminoácidos) e 32.000 (compostas por 312 aminoácidos), respetivamente. O último contém um péptido de sinal de 28 resíduos, enquanto o primeiro contém um péptido de 24 resíduos cuja clivagem resulta em proteínas maduras. Cada uma delas tem origem em dois loci diferentes no genoma de *S. aureus*. Os isolados que produzem tanto a gamma-hemolisina como a PVL contêm dois componentes F (*lukF-PV* e HigB) e três componentes S (*lukS-PV*, HigA e HigC) [59]. A destruição dos neutrófilos predispõe o hospedeiro a infecções bacterianas porque estes são a principal defesa celular contra os agentes patogénicos. A produção da toxina PVL por *S. aureus* está associada a abcessos cutâneos, infecções cutâneas necróticas graves e furúnculos. Embora ainda seja difícil determinar o papel exato de vários factores *estafilocócicos* nas infecções invasivas [50]. Foi descrita uma associação específica entre a presença do *gene pvl* e a furunculose, na medida em que 86%-93% das estirpes *de S. aureus* produzem a toxina PVL isolada de infecções necróticas primárias [50]. Foi também proposta a associação da PVL com a furunculose epidémica e não com todos os tipos de furúnculos. Mais tarde, foi realizada uma série de estudos em todo o mundo para determinar a distribuição dos genes da PVL entre *S. aureus*. Na maioria dos estudos, o PVL foi correlacionado com *infecções por estafilococos* de início comunitário. Em França, Issartel *et al.* encontraram genes de PVL em 89% das estirpes *de S. aureus* que causam abcessos de tecidos moles (furúnculos), sem diferença nas infecções cutâneas primárias e secundárias [63]. Strauss *et al.* analisaram 415 *S. aureus* de 15 países e encontraram 47% de PVL positivos em infecções cutâneas [64], mas 92,4% de PVL foram encontrados em isolados tunisinos da comunidade. Até 2003, sabia-se que alguns clones de CA-MRSA *positivos para PVL*, que eram considerados como específicos de um continente, chegaram agora a outros continentes e foram detectados em vários outros países. Em alguns países, as estirpes de CA-MRSA *positivas para pvl* tornaram-se resistentes a agentes antimicrobianos *anti-estafilocócicos* aos quais eram anteriormente susceptíveis [57]. Observou-se que os isolados *de S. aureus* pvl-positivos respondem de forma diferente a diferentes antibióticos. Como alguns antibióticos podem diminuir e outros podem aumentar a regulação do PVL. O ácido fusídico, a clindamicina e a linezolida diminuem a produção de PVL em *S. aureus* de forma dependente da concentração ao nível sub-inibitório, mas a vancomicina não tem qualquer efeito. A produção de PVL é aumentada a concentrações subinibitórias de oxacilina [65]. Assim, as infecções causadas por *S. aureus* com PVL positivo devem ser tratadas com antibióticos com efeito inibidor na produção de PVL [66].

1.6 Enterotoxinas estafilocócicas

Verificou-se que uma variedade de exoproteínas estáveis ao calor produzidas por *S. aureus* actuam como factores de virulência que causam intoxicação alimentar. Entre estas exoproteínas, as enterotoxinas *estafilocócicas* (SEs) e a tóxico-choque-sindrometoxina-1 (TSST-1) são amplamente estudadas e exploradas [67]. As SEs são categorizadas em cinco grupos de toxinas designadas como *sea see* e são responsáveis por intoxicação alimentar. Recentemente, foram também registadas outras *enterotoxinas estafilocócicas* (*seg-ser* e *seu*) [68; 69; 70]. Até à data, foram comunicadas mais de 18 SEs serologicamente distintas e toxinas do tipo enterotoxina (*sei*). Estas toxinas foram identificadas com as caraterísticas de superantigénicas, têm pesos moleculares baixos, são estáveis à temperatura de ebulição e são resistentes à proteólise [71]. No entanto, algumas delas (como *seg, she, sei, sej* e *seu*) estão ainda a ser investigadas para determinar o seu papel na instigação de doenças humanas e na patogenicidade [72]. *Os genes das enterotoxinas estafilocócicas* estão alojados em elementos genéticos móveis. Os genes que codificam *seb* e *sec* estão localizados no cromossoma, enquanto os genes para *sea* estão alojados num bacteriófago temperado. Os genes para *sed, sej, ser* e todos os outros SEs, exceto SEH, são transportados em plasmídeos e ilhas de patogenicidade (SaPIs). Vários genes SEs estão localizados na maioria das SaPIs e desempenham um papel na sua transferência horizontal entre estirpes *estafilocócicas* [73].

A doença *estafilocócica* e a patogenicidade causada por toxinas eméticas e superantigénicas resultam da expressão múltipla de toxinas por *S. aureus* [74]. O crescimento maciço de *S. aureus* nos alimentos leva à produção de SEA, que está normalmente implicada na intoxicação alimentar *estafilocócica* (SFP) [75]. Os indivíduos que sofrem de SFP são caracterizados por náuseas, diarreia, vómitos violentos e cãibras abdominais entre 1-8 horas após o consumo de alimentos. A reatividade da IgE aos antigénios alimentares ocorre consequentemente após a administração de antigénios alimentares e *seb* [76]. No entanto, há estudos no Japão que indicam que *as estirpes de S. aureus* isoladas de indivíduos de casos de intoxicação alimentar foram negativas para todos os *estafilococos* enterotoxingénicos relatados até à data [77]. A PCR pode ser utilizada para a deteção da presença de genes de enterotoxinas em isolados de *S. aureus*, mas a capacidade de tais estirpes produzirem enterotoxinas e a sua tendência para provocar doenças é demonstrada por bioensaio ou métodos imunológicos [78]. A distribuição dos genes das enterotoxinas entre as *estirpes de S. aureus* não é uniforme [79; 80]. Além disso, a sua distribuição varia de país para país na população de *S. aureus* [81].

A rinossinusite aguda ou crónica pode ser causada por *S. aureus*. Foi relatado que as secreções nasais de doentes com rinossinusite crónica (RSC) têm níveis elevados de *sea* e *seb* [82], que são codificados respetivamente pelos *genes sea* e *seb*. Nos doentes com RSC, *a Seb* pode deslocar-se para a cavidade nasal juntamente com as secreções, onde contamina a mucosa das vias respiratórias ou, se for compelida para trás, pode ser engolida pelo trato gastrointestinal, o que pode perturbar a homeostase imunitária dos tecidos locais [83]. A permeabilidade da barreira epitelial das vias aéreas é aumentada pelo *Seb*, que facilita a travessia do epitélio [84]. Além disso, o SEB também contribui para a RSC através da ativação das células T. A RSC pode ser uma fonte potencial de *seb* no corpo, uma vez que *o S. aureus* pode facilmente colonizar os rinossinusais [76]. A colonização nasal de *S. aureus* está também associada à transmissão entre doentes e à subsequente infeção invasiva dos doentes e desempenha um papel potencial na epidemiologia e patogénese das infecções *estafilocócicas*. Na população adulta, a taxa de transporte nasal de infecções por *S. aureus* é de 30-50% [85]. A alergia alimentar na rinossinusite derivada da *seb* está associada à manutenção e ao aumento das respostas polarizadas dos auxiliares T (Th2). Estes sintomas de alergia alimentar são inibidos em doentes com alergia alimentar da RSC através da remoção dos agentes patogénicos *produtores de sebo* das rinossinusites. Além disso, em doentes com alergia alimentar e rinossinusite crónica, foi demonstrada uma melhoria significativa da alergia alimentar. Por conseguinte, o controlo da colonização de *S. aureus* e da infeção nasal poderia ser benéfico em condições relacionadas com estas [83].

Os linfócitos T CD8+ e CD4+ são fortemente induzidos pelo *sebo*, mesmo em concentrações extremamente baixas [86]. A exposição das vias respiratórias a aerossóis de sebo pode ativar fortemente o sistema imunitário. Isto também pode resultar num estado clínico semelhante ao choque tóxico [87]. Além disso, o sistema imunitário é fortemente ativado quando a conjuntiva é exposta ao SEB [88]. A ligação da *seb* num local específico do complexo principal de histocompatibilidade (MHC) auxilia os seus efeitos biológicos. A toxina é apresentada a um recetor-antigénio de células T pelo MHC-2, que provoca a proliferação de células T e a produção de citocinas após a formação de complexos ternários [89; 90].

1.7 Toxina-1 do síndroma do choque tóxico (TSST-1)

Trata-se de uma toxina superantigénica e é codificada pelo gene *tst*. A toxina 1 do síndroma do choque tóxico (TSST-1) é um fator de virulência fundamental de alguns isolados de *S. aureus*. A prevalência do gene *tsst* entre *S. aureus* é muito baixa [80]. O TSST-1 é responsável pelo síndroma do choque tóxico (TSS), pelas doenças exantemáticas do tipo choque tóxico neonatal (NTED) e pela febre escarlatina *estafilocócica*. O MRSA TSST-1 positivo causa muitas doenças, incluindo a síndrome do choque tóxico e infecções supurativas [57]. Na SCT, são registados hipotensão, erupção cutânea, mialgia, falência de múltiplos órgãos, febre e descamação tardia dos pés e das mãos. Um genótipo de MRSA *tsst-positivo*, encontrado principalmente no Japão, foi recentemente evidenciado em França. Este MRSA está associado a infecções da corrente sanguínea e, segundo consta, está a espalhar-se pelo resto da Europa [89]. A síndrome do choque tóxico menstrual (STM) causada por *S. aureus* tem sido associada à menstruação e à utilização de tampões em mulheres menstruadas. Embora a prevalência de mTSS seja baixa, pode revelar-se fatal devido à utilização extensiva de tampões pelas mulheres menstruadas [91]. De acordo com um estudo realizado por Czerwinski, cerca de 80% das mulheres participantes utilizaram tampões em algum momento do estudo durante a menstruação. A TSST-1 causa cerca de 100% dos casos de SSTm e quase 50% da SST não menstrual. Os restantes 50% dos casos de SCT não menstrual são causados pela enterotoxina *estafilocócica* B ou C [92]. A SEB causa choque tóxico em baixas concentrações séricas e pode também provocar insuficiência de múltiplos órgãos e hipotensão [17]. A maioria da SST não associada à menstruação é notificada tanto na comunidade como em hospitais, secundária a infecções locais por *S. aureus* [93].

1.8 . Utilização de antibióticos para o tratamento de infecções causadas por *S. aureus*

As infecções bacterianas são tratadas através da utilização de antibióticos. A palavra antibiótico é tradicionalmente utilizada para designar as substâncias produzidas por microrganismos que conduzem à inibição do crescimento de outros microrganismos. O termo antimicrobiano tem um significado alargado, uma vez que inclui tanto os agentes sintéticos produzidos em laboratório (por exemplo, as sulfas) como os antibióticos de origem natural (por exemplo, as penicilinas) produzidos por microrganismos. Os agentes antimicrobianos podem ser bactericidas (ou seja, matam os organismos) ou bacteriostáticos (ou seja, impedem o crescimento do microrganismo) [94]. A palavra derivada do tronco grego, antibiótico, significa "contra a vida". Um investigador francês, Paul Vuillemin, no final do século XIX, descreveu uma substância isolada alguns anos antes da bactéria , *Pseudomonas aeruginosa*, e demonstrou-a como "antibiótico". Mais tarde, uma outra substância, denominada piocianina, inibiu o crescimento de outras bactérias em tubos de ensaio, mas foi rejeitada para a terapia de doenças devido à sua elevada toxicidade. A descoberta de Vuillemin conduziu à era atual, a sua palavra "antibiótico" é agora considerada como produtos químicos e naturais que são inibidores de outros organismos [95].

Após a descoberta da penicilina por Alexander Fleming em 1927, Howard Florey, Ernst Chain e Norman-Heatly purificaram e avaliaram a penicilina contra estreptococos e *estafilococos* em 1940. Por esta descoberta, receberam o prémio Nobel em 1945 [1].

A descoberta da penicilina motivou a procura em série de outros antibióticos. Em 1944, a estreptomicina foi descoberta por Selman Walsman. Em 1953, foram isolados os microrganismos que produziam cloranfenicol, neomicina, terramicina e tetraciclina. A partir daí, os agentes quimioterapêuticos e a descoberta de novos fármacos revolucionaram a medicina moderna e minimizaram grandemente o sofrimento humano [1]. Desde o seu aparecimento no início da década de 1940, os antibióticos são os maiores sucessos da medicina clínica, reduzindo drasticamente a morbilidade e a mortalidade causadas por infecções bacterianas e são em grande parte responsáveis pelo prolongamento do tempo de vida de 10 anos, em média, dos seres humanos normais nos países desenvolvidos [96].

1.8.1 Mecanismo de ação dos antibióticos

A parede celular bacteriana é constituída por polissacáridos e polipéptidos conhecidos como peptidoglicanos (mureína, mucopeptídeo). O polissacárido da parede celular é constituído por amino-açúcares alternados, *a N-acetilglucosamina* e o ácido *N-acetilmurâmico*. Este último açúcar está ligado a um péptido de cinco aminoácidos que termina em D-ala-D-ala. A alanina terminal é removida para formar uma ligação cruzada com outro péptido (reação de transpeptidase) que é catalisada por uma enzima conhecida como proteínas de ligação à penicilina (PBP). Os antibióticos p-lactâmicos ligam-se às PBPs através de uma forte ligação covalente devido à semelhança estrutural com a D-ala-D-ala natural, o que leva à inibição da reação de transpeptidação. Os antibióticos p-lactâmicos inibem a síntese de peptidoglicano, enfraquecendo a parede celular bacteriana e, por fim, a célula bacteriana morre [97].

A vancomicina, que é um antibiótico glicopeptídeo, liga-se à extremidade carboxilo livre do pentapeptídeo, o que resulta numa interferência sistémica com o prolongamento da espinha dorsal do peptidoglicano, inibindo assim a síntese da parede celular em estirpes de bactérias susceptíveis. Outro glicopeptídeo, a teicoplanina, interage com o terminal D-alanil-D-alanina do muramilpentapeptídeo, que se encaixa numa fenda dentro da molécula do antibiótico, inibindo assim a polimerização do peptidoglicano [98; 94]. Os antibióticos quinolonas inibem a DNA girase bacteriana ou topoisomerase II, que produz torções negativas no ADN e ajuda à separação das cadeias de ADN, bloqueando assim a replicação, a reparação e a transcrição do ADN. Outra enzima responsável pelo desenrolar do ADN durante a replicação, a topoisomerase IV, é inibida pelas flouroquinolonas [99; 100].

Os antibióticos macrólidos, que contêm a estrutura de lactona macrocíclica, foram a primeira escolha como alternativa *à* penicilina em indivíduos alérgicos aos antibióticos p-lactâmicos. De um modo geral, os macrólidos são considerados bacteriostáticos, mas podem ser cidais em concentrações mais elevadas. Inibem a síntese proteica bacteriana, bloqueando a etapa de translocação através da ligação irreversível da subunidade ribossómica 50S das bactérias [101].

As tetraciclinas, que contêm quatro anéis fundidos na sua estrutura básica, actuam ligando-se aos ribossomas 30S, impedindo assim a ligação do aminoacil-RNAt ao local de aceitação no complexo ARNm-ribossoma. Esta ligação impede, em última análise, a adição de aminoácidos à cadeia peptídica pré-sintetizada. A atividade de cada tetraciclina é alterada pela sua capacidade de penetrar nas membranas lipídicas das bactérias. Acedem ao citoplasma das bactérias grampositivas através de um processo dependente de energia, no entanto, nos organismos gram-negativos, é relatada a difusão através de porinas na membrana externa. Em contrapartida, a minociclina e a doxiciclina podem entrar nas células gram-negativas através de difusão simples, bem como através das porinas, devido à sua maior lipofilicidade. A partir do espaço periplasmático, as tetraciclinas são transportadas através da membrana citoplasmática interna por um sistema de transporte proteico [94].

A penetração dos aminoglicosídeos nas células bacterianas segue várias etapas. Na primeira fase, os aminoglicosídeos catiónicos interagem com a superfície celular aniónica. Em seguida, penetram através do canal de porina ou das áreas cheias de água da parede de peptidoglicano nas bactérias Gram-negativas ou Gram-positivas, respetivamente. Outra via de penetração dos aminoglicosídeos consiste em romper a membrana externa e aumentar a sua própria absorção através de canais do tipo não porina nas bactérias Gram-negativas ricas em fosfato. Em seguida, os aminoglicosídeos atravessam a membrana citoplasmática ligando-se a uma molécula de transporte que parte ou está diretamente ligada à cadeia de transporte de electrões. O gradiente de potencial elétrico através da membrana é responsável pelo movimento do complexo fármaco-transportador. Este mecanismo de transporte necessita de energia, o que é favorável em ambiente aeróbio, mas não ocorre em ambiente anaeróbio. No citoplasma, os aminoglicosídeos ligam-se ao ribossoma, o que mantém uma baixa concentração intracelular de aminoglicosídeos livres, o que favorece a transferência contínua do fármaco da membrana citoplasmática para os ribossomas, o que resulta na perda da integridade da membrana e na morte da bactéria. Além disso, os aminoglicosídeos inibem a síntese proteica ao ligarem-se aos ribossomas. A estreptomicina, o aminoglicosídeo mais estudado, liga-se à subunidade 30S do ribossoma , onde interfere com a síntese proteica de duas formas [102; 94], como indicado a seguir:

(1) Restrição da formação de polissomas

(2) Leitura incorrecta do ARNm

O cloranfenicol, um dos antibióticos mais potentes, liga-se à subunidade ribossomal 50S bacteriana e inibe a síntese proteica na reação de peptidil transferase [103; 104]. O ácido fusídico é um inibidor da síntese proteica, impedindo a saída do fator de alongamento G (EFG) do ribossoma. É principalmente eficaz em bactérias Gram-positivas, como os estafilococos e os estreptococos [105]. O ácido fusídico inibe a replicação bacteriana e não mata as bactérias, pelo que é denominado "bacteriostático".

1.8.2. Resistência aos antibióticos

As bactérias são consideradas resistentes se o seu crescimento não for travado pelo nível máximo de antibiótico que é tolerado pelo hospedeiro [103]. O aparecimento de resistência aos antibióticos é um problema grave em todos os tipos de bactérias patogénicas [106].

As bactérias utilizam diferentes estratégias para combater as pressões ambientais para sobreviverem e a sua resposta à pressão dos antibióticos é uma consequência deste comportamento. Consequentemente, a utilização de antimicrobianos provoca a seleção de bactérias resistentes. A má utilização de antibióticos resulta em agentes patogénicos multirresistentes que podem pôr em perigo a era dos antibióticos. O desenvolvimento de novos antibióticos tem sido lento, apesar da elevada procura registada nos últimos anos. Por conseguinte, será necessário um grande esforço para manter a eficácia destes grupos de medicamentos devido ao aumento persistente da resistência [36].

Como muitos antibióticos são produzidos por outros microrganismos, os genes de resistência aos antibióticos estavam presentes na era pré-antibiótica nas bactérias para desintoxicar os antibióticos. As sequências nucleotídicas de vários genes de resistência aos antibióticos mostram regiões de homologia com os genes para a produção de antibióticos [107; 108]. Até à descoberta da penicilina e mesmo antes de ter sido produzida penicilina G suficiente em pequena escala para tratar doentes. Foi então comunicada a existência de uma enzima em *Bacillus coli* (agora conhecida como *Escherichia coli*) que inactivava a penicilina G pelo grupo de Oxford. Já tinha sido comunicado que as estirpes *de S. aureus* eram capazes de inativar a penicilina G. A resistência à estreptomicina seguiu-se rapidamente [94].

Pouco depois da produção de penicilina na década de 1940 por produtos farmacêuticos, os micróbios adquiriram mecanismos de resistência [109].

Além disso, os relatórios anteriores conduziram a estudos genéticos da resistência bacteriana e à identificação de plasmídeos que conferem resistência e que estão amplamente distribuídos na natureza. A resistência também está presente sob a forma de genes em transposões e pode ser transferida para plasmídeos ou ser integrada em cromossomas. Os genes cromossómicos que codificam a resistência também podem ser transferidos no sentido inverso e ficar ligados a transposões e a resistência transferida por plasmídeos [94].

A utilização de antibióticos leva à inibição de estirpes susceptíveis e permite a proliferação de bactérias intrinsecamente resistentes ou que adquiriram resistência cromossómica extra. De um ponto de vista epidemiológico, a resistência plasmídica tem importância na medida em que a resistência nesta forma é

transmissível e pode estar associada a outras propriedades que permitem a um microrganismo colonizar e invadir um hospedeiro suscetível [94].
A teoria da resistência aos antibióticos propagou-se globalmente para além dos profissionais envolvidos no diagnóstico e tratamento da infeção e é muito divulgada nos meios de comunicação social [110]. Em comunidades remotas, a expressão de um organismo ou de um novo gene que codifica a resistência aos medicamentos tem implicações para o mundo desenvolvido. Quando um organismo resistente é introduzido numa população, dissemina-se rapidamente [111].
A resistência aos antibióticos depende do intervalo de tempo e da utilização do antibiótico. Deve ser administrado de forma a evitar ou minimizar o desenvolvimento de resistência, quer seja utilizado como terapêutica ou como profilaxia [110]. O padrão de resistência microbiana varia de grandes hospitais para pequenos hospitais, de país para país, de comunidade para comunidade e de estado para estado. Vale a pena obter informações sobre o padrão de suscetibilidade dos agentes patogénicos na área de prescrição, o custo do medicamento e a tendência da suscetibilidade. Tal como noutros países em vias de desenvolvimento, no Paquistão, o gráfico da resistência aos antibióticos está, de um modo geral, a aumentar para todos os antibióticos habitualmente utilizados [112; 113]. Este aumento da resistência está associado a muitos factores. A dosagem inadequada e o tratamento prolongado com antibióticos devido à automedicação ou à negligência dos profissionais de saúde é um dos factores que contribuem para este fenómeno no Paquistão. A propagação da resistência aos antibióticos é também liderada pelas más condições de higiene na maioria dos hospitais e instalações de saúde do país, que proporcionam um excelente ambiente para a origem e a expansão da resistência aos antibióticos [114].

1.8.3. Mecanismo de resistência aos antibióticos nas bactérias

As bactérias adoptam a resistência através de vários mecanismos. É importante compreender que certos mecanismos de resistência não se limitam a uma única classe de medicamentos. Contra o mesmo agente quimioterapêutico, duas bactérias podem adotar dois mecanismos de resistência diferentes. Além disso, os mutantes resistentes não são criados pela exposição direta a um medicamento, mas surgem espontaneamente e são depois selecionados [1].
Os mecanismos básicos subjacentes ao desenvolvimento da resistência microbiana são:

1.8.3.1. Resistência baseada na alteração dos receptores do fármaco

Através deste mecanismo, as bactérias produzem outro alvo alternativo (pode ser um recetor ou uma enzima) juntamente com o alvo sensível original, protegendo-as assim do antibiótico. Assim, a enzima alternativa "contorna" o efeito do antibiótico, o que permite que as bactérias sobrevivam. Um exemplo bem explicado deste mecanismo é o *S. aureus* resistente à meticilina (MRSA), que produz uma proteína alternativa de ligação à penicilina (PBP2a) juntamente com as proteínas "normais" de ligação à penicilina (PBPs). Esta proteína alterada tem baixa afinidade para os P-lactâmicos, cefalosporinas e penicilinas e é codificada pelo gene *mecA*. Consequentemente, as células bacterianas permanecem vivas e continuam a sintetizar peptidoglicano [115; 116].

1.8.3.2. Inativação do medicamento

A produção de P-lactamases é o mecanismo mais destacado de resistência bacteriana aos antibióticos. As enzimas P-lactamases catalisam a hidrólise dos antibióticos P-lactâmicos. Os produtos subsequentes são inactivos. Entre os mais de 200 tipos de P-lactamases conhecidos, muitas P-lactamases apresentam, até certo ponto, atividade contra as penicilinas e as cefalosporinas; as restantes são mais específicas, nomeadamente as cefalosporinases (por exemplo, a enzima AmpC encontrada em *Enterobacter* spp.) ou as penicilinases (por exemplo, a penicilinase de *S. aureus*) [117].
As bactérias gram-positivas e gram-negativas produtoras da enzima cloranfenicol transacetilase são resistentes ao cloranfenicol. No entanto, o cloranfenicol acetilado liga-se mal ao ribossoma em comparação com o não acetilado. Assim, o medicamento não acetilado inibe a síntese proteica de forma mais eficaz e não é afetado pela transacetilase do cloranfenicol [118].

1.8.3.3. Taxas alteradas de entrada ou saída de droga

Algumas bactérias impedem a entrada do antibiótico na célula ou expulsam-no mais rapidamente do que ele consegue entrar (como uma bomba de esgoto num barco), protegendo assim o alvo da ação antibiótica [117].
Os antibióticos beta-lactâmicos podem penetrar nas bactérias gram-negativas através de uma proteína de membrana oca cheia de água, conhecida como porina. No caso da *Pseudomonas aeruginosa* resistente ao imipenem, o imipenem não consegue penetrar na célula porque a falta da porina D2 específica confere resistência. As fluoroquinolonas e os aminoglicosídeos partilham o mecanismo anterior, com um baixo nível de resistência aos aminoglicosídeos e às fluoroquinolonas. O aumento do efluxo através de uma bomba de transporte ativo é um instrumento bem reconhecido para a resistência às tetraciclinas e é codificado por uma vasta gama de genes relacionados, como o *tet* (A), que se dispersaram nas enterobactérias [119].

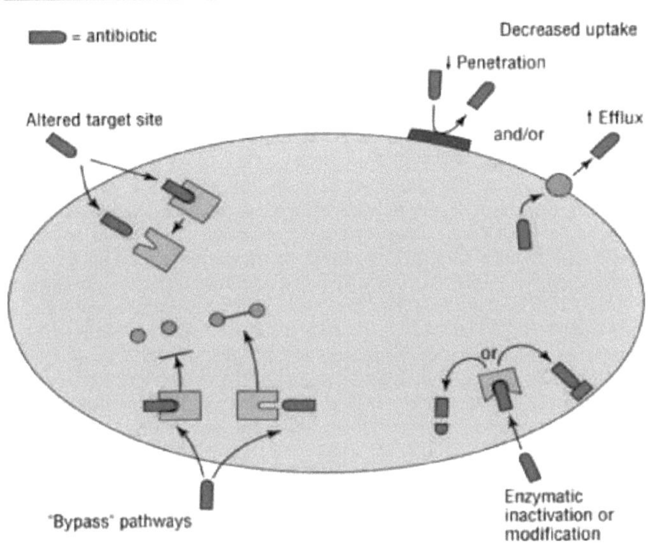

Fig. 1.6: Principais mecanismos bioquímicos da resistência aos antibióticos [120].

Do mesmo modo, a bomba de efluxo codificada pelo gene *msrA* expulsa a eritromicina para fora das células. Isto resulta numa diminuição da concentração do fármaco no interior da célula e, por conseguinte, num efeito menor ou nulo nas células [121].

1.8.3.4. Falha no metabolismo do medicamento

As bactérias anaeróbias, como a rara *Bacteriodes fragilis*, são resistentes ao metronidazol e ao nitroimidazol porque não metabolizam estes antibióticos nos metabolitos activos, o que acaba por resultar em danos no ADN, e não são mortas pelo metronidazol. O mesmo acontece com as espécies de *Candida* que não conseguem metabolizar a 5-flucitocina em 5-fluorouracil e são resistentes a este fármaco, uma vez que é o 5-fluorouracil que causa a inibição através de uma irregularidade na síntese de ARN [122; 123; 94].

1.8.4. Resistência aos antibióticos em *S. aureus*

Os estafilococos têm, de facto, uma capacidade extraordinária de apresentar resistência aos antibióticos. Este fenómeno foi detectado tanto na comunidade como nos hospitais [124]. No início da era da penicilina, quase todas as estirpes de *Staphylococcus* eram sensíveis. Atualmente, a maioria das estirpes hospitalares são resistentes à penicilina G e só podem ser eliminadas com vancomicina. No entanto, paralelamente a este facto, foi detectada *a presença de S.aureus* resistente à vancomicina nos Estados Unidos, no Japão e na Índia [125; 126; 127].

1.8.4.1. Mecanismo de resistência *estafilocócica* aos antibióticos P-lactâmicos

A resistência dos *estafilococos* aos antibióticos penicilina deve-se principalmente à produção da enzima P-lactamase, uma serina protease que corta o anel p-lactâmico deste antibiótico responsável pela sua atividade. Assim, perde a atividade antibacteriana [128]. Em 1940, E. P. Abraham e E. China revelaram a penicilinase, um tipo específico de p-lactamase, que hidrolisa especificamente o anel p-lactâmico das penicilinas [81]. Para combater esta resistência, um grupo de investigação do Reino Unido apresentou um antibiótico resistente à penicilinase, a meticilina, em 1961. No entanto, a resistência à meticilina desenvolveu-se no mesmo ano [129], dando origem ao MRSA (Methicillin-Resistant *S. aureus*), um isolado de *S. aureus* resistente à meticilina que permanece resistente a todos os P-lactâmicos. A principal diferença entre o MRSA e o *S. aureus* sensível à meticilina (MSSA) é a produção de uma PBP alterada, ou seja, PBP2a, pelo primeiro [128]. Esta PBP2a é codificada pelo gene *mecA* e reduz a atração pelos antibióticos P-lactâmicos [130; 131; 132; 133]. Esta PBP2a alterada pode reter as funções das PBPs normais nas mesmas concentrações de antibióticos, o que provoca a inativação das PBPs normais [134].

Inicialmente, considerou-se que os MRSA só prevaleciam nos hospitais, mas mais tarde os MRSA foram registados mesmo na comunidade [135]. Dependendo da via de aquisição, foram designados MRSA adquirido no hospital (HA-MRSA) e MRSA adquirido na comunidade (CA-MRSA). Existem várias explicações para o HA-MRSA e o CA-MRSA.

Foi referido que o gene *mecA*, que codifica a PBP2a transformada, está posicionado num elemento genético móvel denominado cromossoma de cassete estafilocócico *mec* (*SCCmec*) [136; 137]. Inicialmente, considerou-se que o *SCCmec* poderia ser disperso através de um bacteriófago lisogénico [138]. No entanto, mais tarde, foram revelados os genes da recombinase cromossómica A e B (*ccrA* e *ccrB*) que codificam recombinases da família da resolvase/invertase que integram o *SCCmec* no cromossoma bacteriano [136]. Existem quatro tipos conhecidos de *SSCmec*, ou seja, I-IV. Os *SCCmec* I-III são predominantes no HA-MRSA e os *SSCmec* encontram-se sobretudo no CA-MRSA [139].

Logo após a primeira descoberta de MRSA em 1961 [129], a sua prevalência aumentou exponencialmente. Em 2006, Orrett e Land registaram 60,1% de MRSA em feridas cirúrgicas/queimaduras em Trinidad, nas Índias Ocidentais, que eram altamente resistentes à clindamicina (75,3%), à tetraciclina (78,7%) e à ciprofloxacina (59,1%) [140]. Bell e Turnridge relataram que, no programa SENTRY de 1998-99, 4,1 a 34,4% de MRSA da Austrália, 64,8 a 74,5% do Japão, 57 a 75% de Taiwan, 69,8% de Hong Kong, 62,3% de Singapura e 41,5% da África do Sul [141]. Hsueh registou uma prevalência de 66% de MRSA de origem nosocomial em Taiwan, entre 1986 e 2001 [142], 95% dos quais eram MDR (resistentes a 3 ou mais fármacos). Randrianirina *et al.* registaram uma taxa de prevalência de 6,5% para CA-MRSA e de 4,4% para HA-MRSA em Madagáscar, em 2007 [143]. Em 2006, Bratu *et al.*, dos EUA, registaram uma prevalência de 44% de MRSA na comunidade [144]. Baddour *et al.*, da Arábia Saudita, em 2006, registaram uma prevalência de 77,5% de MRSA entre os doentes internados e 22,5% entre os doentes externos [145]. Dar *et al.* encontraram uma prevalência de 35% de MRSA num hospital em 2006 [146]. Brown *et al.* registaram uma taxa de prevalência de 23% de MRSA na Jamaica em 2007, 10% de MDR [130]. Subedi *et al.* registaram uma prevalência de 15,4% de MRSA no Nepal em 2005 [147].

1.8.4.2. Resistência aos macrólidos em *S. aureus*

Os macrólidos inibem a síntese proteica ligando-se à região da peptidil transferase da subunidade 50S do ribossoma, o que resulta na dissociação do peptidil t-RNA [148]. Os macrólidos, como a eritromicina e a azitromicina, têm sido antibióticos amplamente utilizados e estudados [149]. Os antibióticos macrólidos-lincosamida-estreptogramina B (MLSB) são antibióticos valiosos para os doentes alérgicos à penicilina com infecções *estafilocócicas* [150]. *Os estafilococos* resistentes aos macrólidos permanecem geralmente co-resistentes às lincosamidas e às estreptograminas de tipo B. Este fenómeno é conhecido por MLSB. Este fenómeno é conhecido como MLSB. As estirpes que exibem uma resistência MLSB possuem genes da eritromicina metilase ribossómica (*erm*) [151; 152]. Os genes *erm* codificam metilases do rRNA [152]. Os produtos destes genes actuam por modificação do local alvo através da metilação de um resíduo de adenina 2058 (sistema de numeração de *E. coli*) no componente 23S rRNA da região da peptidil transferase. Isto resulta no bloqueio da ligação de macrólidos com 14, 15 e 16 anéis, licosamidas e estreptograminas de tipo B aos ribossomas [153]. A expressão do gene da metilase é controlada através da atenuação da tradução, conduzindo a uma expressão induzível. As estirpes induzíveis parecem ser resistentes à eritromicina mas sensíveis a outros antibióticos MLSB, sem exposição prévia a antibióticos indutores, por exemplo, a eritromicina. As deleções ou mutações na região de controlo podem também resultar numa expressão genética constitutiva [154].

Os genes *ermA*, *ermB* e *ermC* encontram-se normalmente nos *estafilococos* [89] entre mais de 30 genes *erm* distintos [155; 150]. *O ermC* é mais comum do que *o ermA* em isolados clínicos de *S. aureus* e *estafilococos* coagulase-negativos [156].

O gene *msrA* está presente em estirpes que são indutivamente resistentes apenas aos macrólidos com 14 e 15 anéis e às estreptograminas do tipo B e são sensíveis às lincosamidas (MSB) [151]. Este gene foi descoberto por Ross [153] num isolado de *S. epidermidis*, localizado num plasmídeo *estafilocócico* de grandes dimensões (>30Kb). O gene *msrA* medeia a resistência à eritromicina através de uma bomba de efluxo e é um membro da família dos transportadores ABC [157; 153]. Lina *et al.* (1999), ao analisarem a distribuição de genes que codificam a resistência a MLS entre *estafilococos*, verificaram que o gene *msrA* que confere resistência a macrólidos era comparativamente mais elevado em *estafilococos* coagulase-negativos (14,6%) do que em *S. aureus* (2,1%). Outros dados mostram que algumas estirpes podem albergar uma combinação de ambos os genes *erm* e *msrA* [151; 158]. As estirpes que albergam ambos os conjuntos de genes eram fenotipicamente resistentes à MLS [151], indicando que o fenótipo é mascarado pelos genes *erm*. A razão para a existência de múltiplos genes de resistência na mesma célula não é atualmente clara.

A resistência aos macrólidos é também conferida por uma série de enzimas inactivadoras, como as esterases (codificadas pelo gene *ere*) e as fosfotransferases de macrólidos (codificadas pelos genes *mph*), que perturbam a estrutura da eritromicina. Estas enzimas encontram-se maioritariamente em bactérias gram-negativas e raramente estão presentes em bactérias gram-positivas [150].

Os genes *erm* (*ermA*, *ermB* e *ermC*) são expressos de forma constitutiva (CMLSB) ou induzida (iMLSB) [159], pelo que existe uma relutância em utilizar a clindamicina contra isolados resistentes à eritromicina [160]. A

suscetibilidade por diluição em caldo não consegue detetar a resistência induzível, mas estes fenótipos podem ser identificados in vitro através de um teste de difusão em disco utilizando discos ERY e CLI (teste D) [161]. Este teste é efectuado colocando um disco ERY de 15 µg na proximidade (15-20 mm) de um disco CLI de 2 µg numa placa de ágar que foi inoculada durante a noite [161; 162]. Uma zona de inibição distorcida (em forma de D) à volta do disco CLI é indicativa de um fenótipo induzível positivo. *ErmA* e *ermC* são os determinantes genéticos predominantes para ERY, enquanto *msrA* é raro [11]; por conseguinte, ERY-R *S.aureus* pode ser considerado CLI-R na maioria das regiões geográficas e, além disso, se um organismo apresentar o fenótipo iMLSB, CLI deve ser utilizado com precaução porque pode desenvolver-se resistência durante a terapêutica.
São efectuados estudos de vigilância regulares em todo o mundo para conhecer os genes de resistência aos macrólidos que circulam na área e para determinar se estes são expressos de forma constitutiva ou induzida. Em 2007, Otsuka *et al.*, do Japão, registaram 61,3% de resistência constitutiva ao MLSB e 38,7% de resistência induzida ao MLSB em MRSA, sendo o gene *ermA* (95%) predominante, enquanto em MSSA estas foram de 1,3% e 94%, respetivamente, com o gene *ermC* predominante (42%) [163]. Um estudo efectuado na Turquia em 2007 encontrou 58,3% de resistência constitutiva MLSB, 20,8% de resistência induzida MLSB e 20,8% de fenótipo MS em *S. ureus*, enquanto a distribuição dos genes foi a seguinte: *ermC* 62,5%, *ermA* 50%, *ermB* 8,3%, *ermA+ermC* 37,5% e *msrA* 12,5%. Também encontraram um MRSA com quatro determinantes de resistência, ou seja, *ermA+ermB+ermC+msrA* [164]. Na Grécia, *o ermC* é o gene predominante (96,5%) que medeia a resistência aos antibióticos MLSB e é maioritariamente expresso de forma constitutiva (94,7%) [165]. Um estudo em grande escala efectuado pelo Programa de Vigilância Antimicrobiana SENTRY em isolados recolhidos em 24 hospitais universitários europeus revelou que *o ermA* é o determinante de resistência predominante no MRSA, com 88% de fenótipos de resistência constitutiva MLSB, enquanto *o ermC* foi encontrado principalmente no MSSA em estirpes com expressão induzível [166]. Na Coreia, *o ermA* sozinho estava presente na maioria (75,8%) dos MRSA, em comparação com 6,7% nos MSSA [167].

1.8.4.3. Resistência à tetraciclina em *S. aureus*

As tetraciclinas são antibióticos de largo espetro que foram descobertos na década de 1940. Estes antibióticos são utilizados contra uma grande variedade de infecções bacterianas, causadas tanto por bactérias gram positivas como gram negativas. Os antibióticos tetraciclinas são utilizados tanto em seres humanos como em animais [168]. Estes antibióticos inibem a síntese proteica, impedindo a associação do ribossoma bacteriano ao aminoacil-RNAt [169]. Após a descoberta das tetraciclinas, o desenvolvimento da minociclina e da doxiciclina foi mais procurado [168].
Os determinantes da resistência à tetraciclina foram identificados. Roberts registou 38 genes conhecidos de resistência adquirida à tetraciclina e estes utilizam uma de três estratégias para mediar a resistência [170]. Estas incluem 1: proteínas de efluxo, 2: proteínas de proteção ribossomal e 3: inativação enzimática da tetraciclina. A maioria destes genes (60%) codifica proteínas de efluxo dependentes de energia. Os genes de resistência à tetraciclina podem ser trocados entre a população bacteriana, uma vez que se verificou que diferentes espécies bacterianas possuem os mesmos genes de resistência [171]. Na verdade, as bactérias tornam-se resistentes à tetraciclina através da aquisição de novos genes presentes em plasmídeos e transposões [168]. Em contraste com as infecções comuns em que os antibióticos tetraciclinas são utilizados durante alguns dias, os doentes com acne utilizam frequentemente a tetraciclina durante vários meses [172]. Desta forma, as bactérias visadas e também a outra flora normal da pele são expostas durante muito tempo à pressão selectiva dos antibióticos.
Nas bactérias gram-positivas, a resistência à tetraciclina é maioritariamente causada pelos genes de resistência à tetraciclina *tetK*, *tetM*, *tetO* e *tetL*. Os genes *tetK* e *tetL* codificam proteínas de efluxo, que são proteínas associadas à membrana , dependem da energia e permitem a entrada da tetraciclina no interior da célula [171]. Os genes *tetM* e *tetO* codificam proteínas de proteção ribossomal, que reduzem a afinidade da tetraciclina para o ribossoma. Outras bactérias gram positivas, ou seja, *os estafilococos* coagulase negativos, também possuem estes genes de resistência à tetraciclina [173].
A vigilância para a deteção de vários determinantes *tet* é efectuada a nível mundial. Em 2006, Jones *et al.* encontraram 74% *de tetK* e 13% *de tetM* em MRSA e 73,8% de *tetK* e 21,4% de *tetM* em MSSA numa coleção mundial de *S. aureus* [174]. Um estudo efectuado pelo Programa de Vigilância Antimicrobiana SENTRY, entre 1997 e 1999, encontrou 57% e 10% de resistência à tetraciclina em MRSA e MSSA, respetivamente. Registaram uma elevada prevalência de *tetM* no MRSA (76%) e uma elevada prevalência de *tetK* no MSSA (96%) [148]. Warsa *et al.* testaram 97 isolados de *S. aureus* resistentes à tetraciclina colhidos em cinco países asiáticos (Japão, China, Tailândia, Indonésia e Coreia) para a deteção *de tetK* e *tetM* e concluíram que 80% da resistência à tetraciclina era causada por *tetM*. Do mesmo modo, Sekiguchi *et al.*, do Japão, registaram uma prevalência de 100% de *tetM* no *S. aureus* resistente à tetraciclina [175].

1.9. Epidemiologia molecular utilizando a eletroforese em gel de campo pulsado (PFGE)

É óbvio que o ambiente pode desempenhar um papel substancial na propagação de microrganismos, incluindo estirpes multirresistentes (MDR). Tal como outros microrganismos, sabe-se que o MRSA também vive em condições secas e pode persistir em áreas clínicas que não são limpas de forma adequada [176]. Os inquéritos de muitas epidemias provaram este fenómeno de que o MRSA pode ser facilmente disseminado por interação, principalmente no hospital [177; 11]. O transporte de MRSA e as infecções do trato respiratório superior podem favorecer a propagação de MRSA através de gotículas de ar [178; 179; 180; 181]. A preparação das camas gera partículas de poeira que também podem albergar MRSA libertado por um doente anterior com MRSA positivo [182]. Assim, a propagação flutuante a partir de doentes com MRSA nas secreções respiratórias permite um estudo mais aprofundado, não só em termos de controlo de infecções para os doentes, mas também para o alerta e utilização de estratégias de proteção pessoal pelos profissionais de saúde.

Os doentes com queimaduras, após cirurgias e traumatismos são propensos à colonização microbiana e a infecções, porque as áreas da pele que constituem uma barreira física aos agentes patogénicos oportunistas são destruídas. Consequentemente, está disponível um ambiente favorável e rico em nutrientes para os micróbios que podem provir da flora normal do pessoal de saúde, dos doentes e do ambiente hospitalar [183; 184].

Os doentes queimados com um sistema imunitário enfraquecido podem contrair *S. aureus* resistente à meticilina (MRSA), que é um dos agentes patogénicos mais importantes a nível mundial e que se propaga e transmite em ambiente hospitalar [185; 186]. A colonização e infeção por MRSA em doentes queimados é amplamente reconhecida e foi detectado em muitos casos que os mesmos tipos de HA-MRSA são responsáveis pelos surtos que prevalecem nas unidades de queimados [187; 188]. Consequentemente, a infeção causada por estas estirpes de MRSA multirresistentes torna o seu tratamento difícil e dispendioso [189; 190]. Como é evidente, as vias de transmissão e as causas das infecções por MRSA nas unidades de queimados incluem a suscetibilidade dos doentes [191;], as técnicas cirúrgicas [192; 193], os profissionais de saúde que são transportadores de MRSA [194], a capacidade de *S. aureus* viver em superfícies [195; 196]e a propagação por via aérea [197], pelo que a probabilidade de ocorrência de infeção por MRSA é maior nestes doentes imunocomprometidos. Devido à capacidade de *S. aureus* residir em superfícies e revestimentos secos, a estadia prévia de um doente MRSA positivo num quarto e as substâncias utilizadas por esses doentes são também meios dc transmissão se o quarto não for desinfectado adequadamente [198; 199].

Porque a propagação de estirpes de MRSA no ambiente hospitalar pode resultar em ameaças graves para os doentes imunocomprometidos. Por conseguinte, é da maior importância efetuar uma investigação epidemiológica dos surtos, a fim de superar a sua propagação e transmissão [200]. Foram utilizadas diferentes técnicas para estudar a epidemiologia molecular dos isolados *de S. aureus*, incluindo a eletroforese em gel de campo pulsado (PFGE), a tipagem de sequências multi-locus (MLST), a tipagem do cromossoma de cassete estafilocócico mec (SCC mec) e a tipagem baseada na reação em cadeia da polimerase (PCR). A MLST, que examina o núcleo genómico de evolução lenta, é útil para definir a ascendência e, quando associada à tipagem SCCmec, é utilizada para discriminar entre diferentes clones de MRSA [201]. A PFGE é considerada a norma de ouro, em comparação com estas outras técnicas, no estudo da epidemiologia de estirpes bacterianas responsáveis por um surto em meio hospitalar [202; 203; 204; 205].

Uma vez que as infra-estruturas e os conhecimentos especializados para a tipagem por PFGE estavam disponíveis no Department of Infectious Diseases, College of Veterinary Medicine, Seoul National University, Coreia do Sul, optou-se por esta técnica em vez de outros métodos de tipagem supramencionados para estudar a epidemiologia molecular do MRSA prevalecente nas unidades de queimados do Khyber Teaching Hospital Peshawar (KTH, um hospital de cuidados terciários). O KTH presta cuidados de saúde a um grande número de doentes na província de Khyber Pukhtunkhwa, no Paquistão.

O objetivo deste estudo é determinar as semelhanças clonais das estirpes de MRSA prevalecentes nas unidades de queimados, que são transmitidas de doentes para doentes por diferentes meios. Os resultados deste estudo podem ser recomendados para o desenvolvimento de planeamento, estratégias e adaptação de diretrizes [206] que podem ajudar a superar as infecções por MRSA-HA em doentes queimados.

1.10. Resistência aos antibióticos em *S. aureus* registada no Paquistão e nos países vizinhos A resistência aos antibióticos em bactérias é elevada nesta região [207; 208; 209]. Na sua maioria, os agentes patogénicos isolados nesta região são multirresistentes. Estudos realizados na Índia registaram uma prevalência de MRSA de até 51% [210], no Irão de até 41% [211] e no Nepal de até 69,1% [127]. No Paquistão, foi registada uma prevalência de MRSA de até 51% [212]. A incidência de infecções associadas aos cuidados de saúde produzidas por MRSA na província de Khyber Pukunkhwa, no Paquistão, não foi bem avaliada e os dados apresentados são limitados. No entanto, estudos recentemente realizados em todo o país recomendaram que 42-51% das infecções por *S. aureus* associadas aos cuidados de saúde podem ser causadas por MRSA [213; 212]. Os resultados de uma investigação anterior do Khyber Teaching Hospital Peshawar também apresentaram uma prevalência de 46% de MRSA, entre os quais muitos eram resistentes a diferentes antibióticos de tetraciclina [214]. O MRSA multirresistente também foi detectado noutros hospitais de Peshawar [215], com um elevado nível de resistência aos antibióticos beta-lactâmicos.

Objectivos do estudo

Os objectivos do presente estudo foram:

- Avaliação dos dados epidemiológicos relativos à prevalência de *S. aureus.*
- Isolamento, caraterização e preservação de estirpes *de S. aureus.*
- Determinação do padrão de resistência aos antibióticos habitualmente utilizados através do método de difusão em disco e da determinação das CIM.
- Caracterização molecular de isolados de *S. aureus* resistentes à meticilina (MRSA)
- Comparação dos genes de resistência, identificados nos isolados bacterianos, com os genes de resistência identificados noutras regiões geográficas.
- Epidemiologia molecular de *S. aureus* MRSA resistente à meticilina.
- A distribuição dos genes que codificam as várias enterotoxinas *estafilocócicas*, a toxina leucocidina pantonvalentina e a toxina-1 da síndrome do choque tóxico entre estirpes clínicas de *S. aureus* utilizando a reação em cadeia da polimerase (PCR) fiável

Capítulo 2

Materiais e métodos

2. Materiais e métodos

O presente estudo foi realizado na Secção de Microbiologia do Laboratório Clínico do Khyber Teaching Hospital (KTH) Peshawar, no Centro de Biotecnologia e Microbiologia (COBAM) da Universidade de Peshawar e nos Departamentos de Doenças Infecciosas da Faculdade de Medicina Veterinária da Universidade Nacional de Seul, República da Coreia, de junho de 2010 a junho de 2014.
O estudo incluiu as seguintes etapas:

- Recolha de espécimes.
- Isolamento, identificação e preservação de *S. aureus* a partir dos espécimes recolhidos.
- Confirmação de MRSA.
- Verificação genética de *S. aureus* e MRSA através da deteção dos genes *nuc* e *mecA*.
- Testes de suscetibilidade antimicrobiana.
- Deteção de genes de toxinas por PCR.
- Deteção dos genes *erm* A, *erm* B e *erm* C por PCR.
- Epidemiologia molecular de *S. aureus* isolados de doentes queimados.

2.1. Colheita de espécimes

Neste estudo, foi selecionado um total de 11 136 amostras, recolhidas no Khyber Teaching Hospital (KTH) e no Hayatabad Medical Complex (HMC). O KTH e o HMC são os dois hospitais de cuidados terciários que prestam serviços no sector público aos residentes de Peshawar e cidades próximas. Os doentes das cidades e aldeias mais remotas de Khyber Pakhtunkhwa também são encaminhados para estes grandes hospitais.
Os espécimes suspeitos incluíam pus, sangue e urina recebidos tanto de doentes internados como de doentes externos (OPD). Foi concebido um formulário para o historial do doente, que inclui
idade, morada, sexo e historial de utilização de antibióticos (apêndice i).
Foram recolhidas 445 amostras positivas de *S. aureus* do total de amostras selecionadas. As amostras positivas foram designadas pelo nome do hospital, do objeto e da ala específica de onde foram recolhidas. Por conseguinte, a amostra colhida no laboratório clínico do Khyber Teaching Hospital foi enviada para análise da sensibilidade da cultura e as amostras positivas foram rotuladas como amostras do laboratório do Khyber Teaching Hospital (KLS). Do mesmo modo, as amostras colhidas na enfermaria de ortopedia do Hayatabad Medical Complex (HMC) foram analisadas e as amostras positivas de *S. aureus* foram designadas como HMC. Do mesmo modo, as amostras positivas colhidas nas unidades de queimados do KTH foram designadas por KBRN. Além disso, foram colhidas 64 amostras ambientais do chão, da mesa, dos aparelhos e dos objectos inanimados nas camas dos doentes da OT e dos queimados, que foram designadas como amostras ambientais do Khyber Teaching Hospital (KE).
Além disso, foram também analisadas algumas notas de moeda para detetar a presença de *S. aureus*, que foram recolhidas na cafetaria do hospital. As amostras positivas isoladas foram designadas por amostras de notas de moeda (CRN). As amostras positivas *de S. aureus* recolhidas do pessoal do hospital e dos estudantes universitários foram designadas por CAS. As amostras de sangue foram recolhidas no laboratório clínico do KTH e as amostras positivas *de S. aureus* foram designadas por KLBS (KTH Lab Blood Samples). Os pormenores da amostragem são apresentados no **Quadro 2.1**.

Tabela. 2.1: Informações relativas à rotulagem e recolha de diferentes estirpes

Amostras recolhidas dos doentes	Coleção de estirpes	Símbolos das amostras	Espécime
	Hospital Universitário de Khyber LAB Amostras recolhidas no laboratório clínico	KLS	Pus
	Khyber Teaching Hospital LAB Amostras de sangue.	KLBS	Sangue
	Amostras colhidas em Khyber Hospital Universitário Enfermaria de queimados	KBRN	Pus

	Amostras colhidas na enfermaria de ortopedia do Hayat Abad Medical Complex (HMC)	HMC	Pus
Amostras ambientais	Khyber Teaching Hospital amostras ambientais	KE	Zaragatoa humedecida com solução salina normal estéril
	Estirpes retiradas de notas de banco recolhidas na cafetaria do Khyber Teaching Hospital (KTH)	CRN	Notas de moeda

2.2. Isolamento, identificação de *S. aureus* e sua preservação a partir dos espécimes

Uma vez que recolhemos os espécimes separadamente dos dois hospitais de cuidados terciários, o seu isolamento é discutido separadamente em pormenor.

2.2.1. Isolamento de *S. aureus* do Laboratório Clínico KTH

No nosso estudo, foi recebido um total de 10136 amostras na secção de microbiologia para cultura e testes de sensibilidade, incluindo sangue e outras amostras, por exemplo, urina e pus, que foram designadas por KLBS (KTH Lab Blood Samples) e KLS (KTH Lab Samples), respetivamente. Os métodos de recolha das amostras são os seguintes

As amostras de urina foram colhidas a meio do jato de urina em recipientes estéreis com tampa de rosca e foram etiquetadas. As amostras de pus foram colhidas em seringas estéreis. Os espécimes das lesões abertas foram colhidos com cotonetes esterilizados.

Para as amostras de sangue, utilizou-se caldo de soja triptona (TSB) disponível no mercado em frascos estéreis com tampa de rosca contendo 45 ml de meio. Foram adicionados 5 ml de sangue a cada frasco estéril com a diluição final de 1:10, perfazendo um volume total de 50 ml. As amostras frescas que chegaram ao laboratório nos 15 minutos seguintes à sua recolha foram incluídas neste estudo. As amostras de sangue contendo TSB foram colocadas na incubadora a 37 °C e foram observadas quanto a qualquer turvação. Em consequência do aumento da turvação, a amostra foi então aplicada em diferentes meios diferenciais e selectivos, como o ágar MacConkey e o ágar de sal de manitol (MSA) (Oxoid, Inglaterra).

As outras amostras foram inoculadas com uma ansa de fio de inoculação estéril em vários meios de cultura. As amostras de urina foram inoculadas em ágar-sangue e ágar MacConkey (Oxoid, Inglaterra). Enquanto que as amostras de pus e as amostras de sangue foram inoculadas em meios de ágar-sangue, ágar MacConkey e ágar-sal de manitol (MSA) (Oxoid, Inglaterra). Os meios de cultura foram incubados a 37 °C durante 24 horas em condições aeróbias; em seguida, as placas foram examinadas para detetar qualquer crescimento bacteriano. As colónias crescidas foram isoladas e identificadas através da morfologia das colónias, coloração de Gram, testes de catalase, coagulase e DNase. Estes isolados foram conservados em caldo de soja triptona (TSB) com 15% de glicerol a - 40 °C para estudos posteriores [6].

Todos os meios foram esterilizados em autoclave durante 20 minutos a 121 °C a uma pressão de 15 lbs/inch^2 antes de serem utilizados. Após arrefecimento em banho-maria a 50-55 °C, os meios foram vertidos assepticamente em placas de Petri ou tubos de ensaio, etiquetados e armazenados a 4 °C.

2.2.2. Isolamento de *S. aureus* da amostra recolhida dos doentes queimados (KBRN)

Foi concedida uma autorização especial pela administração do hospital para a recolha de amostras nas duas unidades de queimados do KTH. Uma unidade de queimados com dez camas, conhecida como enfermaria de queimados (BW), destina-se a doentes adultos do sexo masculino e feminino. A outra unidade de queimados é para crianças e está localizada na Pediatrics Surgical Ward (PSW), numa unidade separada com 8 camas. As camas destinadas a homens e crianças não estavam rodeadas de cortinas para os isolar; no entanto, as camas dos doentes do sexo feminino estavam rodeadas de cortinas. Não havia qualquer sistema de filtragem do ar instalado nas unidades de queimados. Por conseguinte, pretendíamos descobrir a epidemiologia molecular e os casos de transmissão horizontal de *S. aureus* nestas unidades de queimados. Recolhemos 400 amostras dos doentes queimados, das quais 89 produziram estirpes de *S. aureus*. As amostras de pus foram colhidas com uma zaragatoa de algodão estéril em condições assépticas. As zaragatoas foram cobertas por uma caixa de plástico e devidamente identificadas. Estas amostras foram levadas para o laboratório do Centro de Biotecnologia e Microbiologia da Universidade de Peshawar e inoculadas em MSA e ágar-sangue. Os isolados foram identificados através da morfologia das colónias, da coloração de Gram, dos testes da catalase, da coagulase e da DNase. Estes isolados foram preservados em caldo de soja triptona (TSB) com 15% de glicerol a - 40°C para estudos posteriores. As amostras foram recolhidas após hospitalização > 48 horas.

2.2.3. Isolamento de *S. aureus* a partir de uma amostra colhida no Hayatabad Medical Complex (HMC)

Depois de obtermos autorização, recolhemos um total de 250 espécimes de pus do Hayatabad Medical Complex (HMC). Os espécimes recolhidos foram analisados conforme descrito anteriormente e as amostras positivas de *S. aureus* foram designadas por HMC, começando por HMC 001 e terminando em HMC 109.

2.2.4. Isolamento de *S. aureus* do ambiente hospitalar

Foi recolhido um total de 200 amostras do ambiente hospitalar do KTH. Esta recolha deu origem a 64 casos positivos de *S. aureus.* As amostras foram colhidas com uma zaragatoa estéril humedecida em água destilada. As posições de cada amostra foram mencionadas na capa da zaragatoa.

As amostras de ar foram colhidas pelo método da placa de sedimentação, expondo as placas de meios de comunicação durante 2-4 horas na sala de operações ou noutra área. A área e o tempo de exposição foram mencionados nas placas e no pro-forma concebido para esta recolha, Apêndice 2. *O S. aureus* foi isolado da mesma forma que a mencionada acima para outras colecções.

2.2.5. Isolamento de *S. aureus* das notas de dinheiro recolhidas na cafetaria do hospital

Para o nosso estudo, recolhemos 150 notas da cafetaria principal, situada na cave do edifício principal do KTH. Uma vez que estas notas circulam nas enfermarias, nos balcões dos enfermeiros e nos quartos dos médicos, o seu estudo também é importante. As amostras foram colhidas com uma zaragatoa de algodão humedecida em água destilada estéril dentro da capela de fluxo laminar (LFH). Estas zaragatoas foram imediatamente inoculadas em ágar-sal Manitol, ágar-sangue e ágar MacConkey. Os *S. aureus* foram identificados pelos métodos acima descritos e foram preservados.

2.3. **Confirmação de *Staphylococcus aureus* resistente à meticilina (MRSA)**

Os isolados foram submetidos a identificação fenotípica e genotípica de MRSA pelos seguintes métodos.

2.3.1. Disco de cefoxitina:

Estas estirpes foram inicialmente caracterizadas como MRSA com base no método de suscetibilidade a 30^g de disco de cefoxitina (Oxoid) recomendado pelo Clinical Laboratory Standard Institute (CLSI) [216]. As estirpes *de S. aureus* ATCC 43300 e ATCC 25923 foram utilizadas como controlo positivo e negativo, respetivamente, tal como recomendado pelo CLSI [216].

2.3.2. Ágar Brilliance MRSA-2:

Todos os isolados *de S. aureus* (445) foram refrescados em Tryptone Soya Broth (TSB), depois inoculados em ágar Brilliance MRSA-2 (Oxoid), incubados durante a noite a 37 °C para confirmar MRSA. As placas de Petri foram adquiridas à Oxoid UK com meios preparados e foram mantidas a 4 °C numa sala escura. Antes da inoculação, as placas foram mantidas no exaustor de fluxo laminar para atingir a temperatura ambiente. As estirpes *S. aureus* ATCC 43300 e ATCC 25923 foram utilizadas como controlo positivo e negativo, respetivamente. Os resultados esperados são apresentados no **quadro 2.2.**

Quadro n.º 2.2: Identificação de MRSA através do ágar MRSA de brilho 2 [217]

Controlo positivo aplicado:	**Resultados esperados**
Staphylococcus aureus ATCC®43300	Colónias azuis
Controlos negativos aplicados:	
Staphylococcus aureus ATCC®25923	Inibido
Pseudomonas aeruginosa ATCC®27853	Inibido
Staphylococcus epidermidis ATCC®12228	Inibido
Proteus mirabilis ATCC®10975	Inibido

2.3.3. Confirmação genética de *S. aureus* e MRSA através da deteção dos genes *nuc* e *mecA*

Foram amplificados um determinante da resistência à meticilina, o gene *mecA*, e o gene *nuc*, que codifica a região *específica* de *S. aureus* do gene da termonuclease. A sequência de ambos os genes é apresentada no **quadro 2.3**.

Tabela 2.3: Sequências de iniciadores de PCR, tamanhos de amplicões e condições de PCR

Gene	Sequência do iniciador (5-3')	Produto Tamanho em bp	Condições de PCR		Referências
			Temp. de recozimento	Ciclos	
mecA	F-CTCAGGTACTGCTATCCACC R-CACTTGGTATATCTTCACC	449	550C	30	[218]
Nuc	F-GCGATTGATGGTGATACGGTT R-AGCCAAGCCTTGACGAACTAAAGC	280	550C	30	[219]

Foi utilizado um protocolo normalizado para a extração de ADN a fim de fornecer uma fonte de ADN de controlo estafilocócico em experiências de PCR [220]. Para a lise das células, as bactérias foram colhidas de placas de ágar de soja triptona (TSA) (uma ansa, utilizando uma ansa de 1 |LL1) ou de culturas em caldo (0,1 ml de uma cultura nocturna, 10^8 bactérias). As células de TSB foram colhidas por centrifugação durante 30 segundos numa microcentrífuga (Eppendorf Microfuge; 16.000 xg). As células foram então suspensas em 50 µl de lisostafina (100 µg/ml em água; Sigma Chemical Germany). Estas
As suspensões foram mantidas a 37°C para incubação. 50 µl de solução de proteinase K(100 µg/ml; Sigma) juntamente com 150 µl de tampão Tris 0,1 M (pH 7,5) foram adicionados após 10 minutos. Depois disso, as suspensões foram incubadas durante mais 10 minutos. As suspensões foram então aquecidas a 97 °C durante 5 minutos. Este tratamento foi importante para lisar eficazmente as células de *S. aureus* e para evitar qualquer atividade de DNase.

Para cada reação de PCR, foi preparado um total de 20 µl mistura de reação. A mistura de reação inclui 2 µl tampão de reação PCR 10X (contendo 100 mM Tris-HCL pH 8,3, 500 mM KCl, 20 mM MgCl), 0.2 µl *Taq* DNA polimerase(5 U/µL, Intron Biotechnology Inc.,
Coreia), 11.8 µl Água sem nuclease, 2 µl mistura de dNTPs (contendo 2,5 mM de cada dNTP), 1µl cada um dos iniciadores forward e reverse (15 pmoles) (quadro 2.3) e 2 µl do ADN modelo. Os produtos da PCR foram colocados num gel de agarose a 1,5 %. O tampão utilizado para o efeito foi o TAE 1X. As bandas foram coradas com brometo de etídio e examinadas num transiluminador ultravioleta. O gel foi fotografado por um sistema de documentação de gel (Bio Rad Milan, Itália). Para a deteção do gene *mecA*, foram utilizadas as estirpes ATCC 43300 e ATCC 25923 *S. aureus* como controlo positivo e negativo. Para a deteção do gene *nuc*, as estirpes ATCC 25923 *S. aureus* e *S. epidermidis* foram utilizadas como controlo positivo e negativo, respetivamente.

2.4. Testes de suscetibilidade a agentes antimicrobianos

Os isolados bacterianos identificados foram então submetidos a testes de suscetibilidade antimicrobiana pelo seguinte método:

2.4.1. Método de teste de suscetibilidade por difusão em disco e

2.4.2. Método MIC (Concentração Inibitória Mínima)

2.4.3. Teste de suscetibilidade por difusão em disco

Os dados de sensibilidade da cultura pelo método de difusão em disco foram registados de acordo com a recomendação do CLSI [216]. O método de difusão em disco foi efectuado para cada isolado bacteriano em ágar Mueller-Hinton (CM337-Oxoid, Inglaterra) como meio de crescimento. O meio foi preparado de acordo com as instruções do fabricante (38g em 1L de água destilada) e esterilizado por autoclavagem a 121°C durante 15 minutos a 15 psi. Foram vertidos 25 ml de meio em placas de Petri estéreis de 90 mm e incubados a 37°C durante a noite para verificar a esterilidade.

2.4.3.1. Preparação do inóculo

O caldo de soja triptona (TSB), (OXOID UK) foi preparado para a preparação do inóculo de acordo com as recomendações do fabricante (30g em 1L de água destilada), 5ml de meio de caldo foram distribuídos em tubos com tampa de rosca e esterilizados por autoclavagem a 121°C durante 15 minutos a 15psi. Deixou-se arrefecer o meio e manteve-se numa incubadora durante 24 horas a 35°C para verificar a esterilidade. No dia seguinte, um de cada isolado clínico identificado foi inoculado num tubo esterilizado com tampa de rosca contendo o meio e colocado na incubadora durante 2-6 horas a 35°C. A turvação das culturas em caldo foi ajustada de acordo com os padrões de 0,5 MacFarland, adicionando solução salina estéril contra um fundo branco com linhas pretas contrastantes.

2.4.3.2. Inoculação de placas

Uma zaragatoa de algodão estéril foi embebida em suspensão bacteriana padronizada; a cultura extra foi removida rodando a zaragatoa contra o lado interior do tubo. O inóculo foi espalhado uniformemente por toda a superfície do ágar Mueller-Hinton, esfregando para a frente e para trás ao longo do ágar em três direcções para obter um inóculo uniforme em toda a superfície.

2.4.3.3. Aplicações dos discos de antibióticos

Deixou-se secar as placas durante 15 minutos e, em seguida, aplicaram-se discos de papel (OXOID UK) de antibióticos de determinadas potências nas placas inoculadas com a ajuda de uma agulha de seringa ou de um dispensador de discos. De seguida, as placas foram colocadas na incubadora a 37°C durante 18 horas numa posição invertida. Após 18-24 horas de incubação, as placas foram examinadas e as zonas de inibição foram medidas com uma escala. As listas de antibióticos com as suas potências são apresentadas no Quadro 4. As estirpes ATCC 43300 e ATCC 25923 foram utilizadas como controlo positivo e negativo , respetivamente, tal como recomendado pelo CLSI [216].

Quadro 2.4: Agentes antimicrobianos e respectivos pormenores

S. Não	Antimicrobiano Agente	Símbolo	Grupo de antibióticos	Disco Potência (,ug)
1	Cefoxitina	FOX	Cefalosporina	30
2	Amoxicilina + ácido clualínico	AMC	Penicilina	20+10
3	Ampicilina	AMP	Penicilina	10
4	Cefradrina	CE	Penicilina	30
5	Cefaclor	CEC	Cefalosporina	30
6	Ceftazdime	CAZ	Cefalosporina	30
7	Cefixima	CFM	Cefalosporina	5
8	Cefepima	FEP	Cefalosporina	30
9	Cefpiroma	CPO	Cefalosporina	30
10	Ciprofloxacina	CIP	Fluoroquinolona	5
11	Claritromicina	CLR	Macrólido	15
12	Meropenem	MEM	Carbapenem	10
13	Gentamicina	CN	Carbapenem	10
14	Amicacina	AK	Aminoglicosídeo	10
15	Doxiciclina	DO	Tetraciclina	30
16	Trimetoprim+Sulfametoxazol	SXT	Droga sulfa	1.25/23.75
17	Vancomicina	VA	Glicopeptídeo	30
18	Linezolida	LZD	oxazolidinonas	30
19	Ácido fusídico	FD	Fuscidanes	10
20	Rifampicina	RD	antimicobacteriano s	5

21	Cloranfenicol	C	Cloranfenicol	30

2.4.4. Determinação das concentrações inibitórias mínimas (CIM) pelo método de microdiluição em caldo

O objetivo dos métodos de diluição em caldo é descobrir a concentração mais baixa do agente antimicrobiano (concentração inibitória mínima, CIM) testado. A CIM é a concentração mais baixa que, em determinadas condições de teste, inibe o crescimento da bactéria que está a ser investigada. A CIM ajuda a avaliar a suscetibilidade das bactérias aos medicamentos e a avaliar a atividade de novos agentes antimicrobianos. Utilizámos o método de microdiluição em caldo [309] para detetar as CMI. Para a microdiluição em caldo, foi utilizada uma placa de microtitulação de 96 poços. As bactérias são inoculadas num caldo de soja triptona (TSB) contendo diferentes concentrações de um agente antimicrobiano. O crescimento foi observado após incubação durante um determinado período de tempo (16-20 h) e o valor da CIM foi registado.
TSB contendo agente antimicrobiano com concentrações numa série de diluição dupla, foi inoculado com um número definido de células bacterianas.

2.4.4.1. Solução de reserva do agente antimicrobiano

Os pós antimicrobianos foram adquiridos à Sigma chemicals, Alemanha, e armazenados a 4°C num frigorífico. Os antibióticos foram fornecidos com a informação sobre a potência (µg por mg de pó), normalmente escrita na embalagem, que era importante ter em consideração ao pesar o agente.
Para os testes de microdiluição em caldo, foram preparadas soluções-mãe com uma concentração pelo menos dez vezes superior à concentração mais elevada a testar. Esta concentração é conhecida como solução-mãe e é preparada e armazenada num tubo de plástico estéril de 17,5 x 100 mm (Corning, EUA). O solvente e o diluente utilizados para cada antibiótico são apresentados no Quadro 5. A fórmula seguinte descreve a quantidade correta de antibiótico a pesar

$$W = \frac{(C \times V)}{P}$$

Onde, C = concentração final da solução-mãe (µg/ml); P = potência dada pela fabricante (µg / mg); W = peso do agente antimicrobiano, em miligramas, a dissolver e V = volume desejado (ml).

Quadro 2.5: Lista de antibióticos utilizados no teste de CIM para *S. aureus*

S.NO	Antibiótico	Solvente	Diluente	Gama MIC (µg/ml)	S	I	R
1	Cefoxitina	Água	Água	0.125-256	<4		>8
2	Cefradina	Tampão de fosfato, pH 6,0, 0,1 mol/L	Água	0.125-256	< 8		> 32
3	Ciprofloxacina	Água	Água	0.125-256	< 1	2	> 4
4	Vancomicina	Água	Água	0.125-256	< 2	4-8	>16
5	Lanezolida	Água	Água	0.125-256	< 4		> 8
6	Ácido fusídico	Etanol	Água	0.125-256	≤1		> 4
7	Eritromicina	Etanol	Água	0.125-256	<0.5	1-4	> 8

As soluções-mãe foram posteriormente processadas por diluição em TSB estéril, como indicado no Quadro 6. As diluições obtidas eram o dobro da concentração final depois de misturadas com uma quantidade igual de suspensão de bactérias em TSB.
Foram preparadas séries de diluições para cada um dos sete antibióticos indicados no Quadro 5. O caldo estéril foi distribuído em treze tubos de plástico estéreis de 17,5 x 100 mm (Corning, EUA). Assim, para sete antibióticos, foram utilizados 91 tubos de plástico com tampa de rosca. Cada um dos tubos foi rotulado com a menção da respectiva concentração. Foram utilizadas pontas de pipeta separadas para adicionar a solução-mãe de antibiótico para a diluir de acordo com a Tabela 2.6. A mistura foi efectuada com a ajuda de um misturador

vortex.

Tabela 2.6: Esquema para a preparação de diluições de antibióticos em séries duplas.

Estágio	Concentração antimicrobiana (mgl^{-1}) na solução-mãe	Fonte	Volume da solução-mãe de antibiótico (ml)	Volume de caldo esterilizado (ml)	Concentração antimicrobiana obtida	Concentração final no ensaio
1	5120	Estoque	1	9	512	256
2	512	Fase 1	1	1	256	128
3	512	Fase 2	1	3	128	64
4	512	Fase 3	1	7	64	32
5	64	Fase 4	1	1	32	16
6	64	Fase 5	1	3	16	8
7	64	Fase 6	1	7	8	4
8	8	Fase 7	1	1	4	2
9	8	Fase 8	1	3	2	1
10	8	Etapa 9	1	7	1	0.5
11	1	Fase 10	1	1	0.5	0.25
12	1	Fase 11	1	3	0.25	0.125
13	1	Fase 11	1	7	0.125	0.0625

Modificado de Ericsson e Sherris [221].

2.4.4.2. Preparação do inóculo:

Para cada isolado, foram selecionadas 3-5 colónias com a mesma morfologia da placa de ágar Muller-Hinton fresca, tocadas com uma ansa estéril e transferidas para um tubo estéril (17,5 X 100 mm; Corning, EUA) contendo 3-4 ml de TSB. As células bacterianas foram misturadas com um misturador vortex.

O caldo foi então incubado a 37 °C numa incubadora com agitador até a turvação se tornar igual ou superior à turvação de 0,5 McFarland Standard. A turvação dos isolados de *S. aureus* é verificada nos tubos com a ajuda do Densilameter II Erba Lachema (República Checa). A suspensão é ajustada para 0,5 McFarland Standard através da adição de caldo esterilizado, se for elevada, ou através de uma incubação adicional, se a cultura bacteriana for pouco densa.

2.4.4.3. Microdiluição do caldo

As diluições de antibióticos preparadas em TSB estéril, resultantes da diluição nas fases 1 a 13, de acordo com o quadro 4, foram colocadas num suporte limpo dentro de uma câmara de fluxo laminar (LFH). Estas diluições tinham o dobro da concentração da quantidade final em ensaio, uma vez que a solução de antibiótico é posteriormente inoculada com a mesma quantidade de suspensão de células bacterianas em caldo.

A utilização de uma placa de microtitulação de 96 poços permite testar apenas dez concentrações diferentes, se forem seguidas as diretrizes indicadas na tabela 2.7. Como temos de testar 13 concentrações de cada antibiótico, as restantes concentrações foram testadas nas outras placas. Neste procedimento, são necessárias 50 |al de cada diluição para cada isolado bacteriano a ser testado.

Tabela 2.7: Esquema para a aplicação de diferentes concentrações de antibióticos (em gg/ml) utilizando uma placa de 96 poços para testar 8 estirpes.

Estirpe Não	Concentrações de antibióticos (pg/ml)											
	1	2	3	4	5	6	7	8	9	10	11	12
1	256	128	64	32	16	8	4	2	1	0.5	CG	SC
2	256	128	64	32	16	8	4	2	1	0.5	CG	SC
3	256	128	64	32	16	8	4	2	1	0.5	CG	SC

4	256	128	64	32	16	8	4	2	1	0.5	CG	SC
5	256	128	64	32	16	8	4	2	1	0.5	CG	SC
6	256	128	64	32	16	8	4	2	1	0.5	CG	SC
7	256	128	64	32	16	8	4	2	1	0.5	CG	SC
8	256	128	64	32	16	8	4	2	1	0.5	CG	SC

GS: controlo do crescimento, SC: controlo da esterilidade.

Foi utilizada uma pipeta multicanal para dispensar as soluções de antibiótico nos poços, uma vez que foi testado um antibiótico de cada vez. Foram vertidos 10 ml ou mais de cada concentração de antibiótico num tabuleiro de plástico estéril para a recolha da solução numa pipeta multicanal de 8 canais nasais. De igual modo, as suspensões bacterianas foram colocadas num tabuleiro de plástico estéril para recolha numa pipeta multicanal de 12 canais nasais.

Uma placa de microtitulação de 96 poços foi etiquetada dentro da capela de fluxo laminar (LFH) com a respectiva concentração de antibiótico de acordo com a Tabela 2.7. Utiliza-se uma fila de poços para cada estirpe com um máximo de 10 diluições diferentes. 100 µl de TSB foram transferidos para os poços da coluna 12 e 50 µl para os poços da coluna 11 para controlo da esterilidade e controlo do crescimento, respetivamente. Para cada estirpe de ensaio, adiciona-se 50 µl de cada diluição de antibiótico ao respetivo poço, como indicado na Tabela 2.7. Adiciona-se 50 µl de suspensão bacteriana ajustada a 1 X 10^8 ufc/ml a cada poço que contém a solução de antibiótico e ao poço de controlo do crescimento. Isto resulta no inóculo final desejado de 5 x 10^5 ufc/ml em cada poço. As placas são manuseadas assepticamente, por isso empilhámos as placas num conjunto de 5 e cobrimo-las com folha de alumínio limpa dentro do LFH. Estas placas foram incubadas durante 16-20 horas a 37 °C. O crescimento foi observado como sedimento (tamanho do botão em >2 mm), necessário para ocorrer [216; 222]. A CIM das amostras KBRN e KE foi efectuada em triplicado.

A CIM do ácido fusídico foi determinada de acordo com o novo critério [223]. As estirpes ATCC 43300 e ATCC 29213 *de S. aureus* foram utilizadas como controlos positivos e negativos nos testes de CIM, respetivamente.

2.5. Deteção de genes de toxinas por PCR.

Os isolados foram submetidos a um rastreio dos genes Panton Valentine Leucocidin (PVL), icaA, *icaD, tsst, sea, seb, sec* e *sed* por PCR na Khyber Medical University, Peshawar e na Seoul National University, Coreia do Sul. O ADN extraído para a deteção dos genes *nuc* e *mecA* com a ajuda da enzima lisostafina (100 µg/ml em água; Sigma Chemical Germany) foi utilizado como ADN modelo. Foram seguidos os métodos descritos nas referências do quadro 2.9. No caso de não se registarem bandas, os métodos foram modificados experimentando várias temperaturas de recozimento (54 - 62 °C).

20 µl de mistura de reação PCR que contém 2 µl tampão de reação PCR 10x (contendo 100 mM Tris-HCL pH 8,3, 500 mM KCl, 20 mM MgCl), 0,2 µl *Taq* DNA polimerase (5 U/µL. Intron Biotechnology Inc., Coreia), 2 µl mistura de dNTPs (contendo 2,5 mM cada dNTP), 1µl cada um dos primers forward e reverse (Oligonucleotides, Macrogen Korea) com 10-15 pmoles (Quadro 2.9), 11.8 µl água sem nuclease e 2 µl de ADN modelo. Utilizou-se como controlo positivo uma estirpe PVL positiva conhecida, *S. aureus ATCC* 49775, e como controlo negativo apenas a mistura PCR sem ADN modelo. No caso de não estar disponível um padrão positivo, o amplicon obtido foi sequenciado (por Macrogen, Coreia) e comparado com a respectiva sequência de genes na base de dados do banco de genes.

Tabela 2.8: Primers de oligonucleótidos utilizados para a amplificação de vários genes

Gene alvo	**Cartilha**	**Sequência de primers PCR 5'-3'**	**Condições de PCR**	**Tamanho do amplicon (bp)**	**Referência**

Pvl	PVL-1 PVL-2	ATCATTAGGTAAAATGTCTGG ACATGATCC GCATCAACTGTATTGGATAGC AAAAGC	1	433	[50]
Tst	TSST-1 TSST-2	ATGGCAGCATCAGCTTGATA TTTCCAATAACCACCCGTTT	2	350	[80]
Mar	SEA-1 SEA-2	AAAGTCCCGATCAATTTATGG CTA GTAATTAACCGAAGGTTCTGT AGA	2	216	[80]
Seb	SEB-1 SEB-2	TCGCATCAAACTGACAAACG GCAGGTACTCTATAAGTGCC	2	278	[80]
Sec	SEC-1 SEC-2	GACATAAAAGCTAGGAATTT AAATCGGCTTAACATTATCC	2	257	[80]
Sed	SED-1 SED-2	CTAGTTTGGTAATATCTCCT TAATGCTATATCTTATAGGG	2	317	[80]

1: 94 °C 5min, depois 35 x (94 0C 30 seg., 64 0C 30 seg., 72 0C 60 seg.), 2: 30 x (940C 120 seg., 550C 120 seg., 72^{0}C 60 seg.)

2.6. **Deteção dos genes *ermA*, *ermB* e *ermC* por PCR.**

Os genes *ermA*, *ermB* e *ermC*, que conferem resistência à eritromicina, foram detectados em *2.7. aureus* por PCR realizada na Universidade Nacional de Seul, Coreia.

Para cada reação de PCR foram preparados 20ul de mistura que continha

- 2 µl Tampão de reação PCR 10X (contendo 100 mM Tris-HCL pH 8,3, 500 mM KCl, 20 mM MgCl)
- 0.2 µl *Taq* DNA polimerase(5 U/µL, Intron Biotechnology Inc., Coreia)
- 2 µl mistura de dNTPs (contendo 2,5 mM de cada dNTP)
- 2ul de ADN modelo
- 1µl cada um dos iniciadores para a frente e para trás (Oligonucleotides, Coreia) com 10 - 15 pmoles
- 11,8 ul de água de grau PCR

A reação de PCR foi realizada num PCR Sprint Thermo Cycler (Thermo Electron Corporation).

Tabela 2.9: Primer utilizado juntamente com as condições de PCR para detetar genes de resistência à eritromicina em *S. aureus*

Gene de resistência	**Sequência do iniciador de PCR 5'-3'**	**Condições da reação de PCR**	**Tamanho do amplicon (bp)**	**Número de acesso ao Banco de Genes.**	**Referência**

erm A	F-GTTCAAGAACAATCAATACAGAG **R-GGATCAGGAAAA**GGACATTTTAC	30 ciclos (30s a 94°C; 30s a 52°C; 1 min. a 72°C)	421	K02987	[224]
erm B	**F-CCGTTTACGAAAT**TGGAACAGGTAAA GGGC **R-GAATCGAGACTT**GAGTGTGC	Como *erm* (A)	359	U35228	[317]
erm C	**F-GCTAATATTGTTT**AAATCGTCAATTCC **R-GGATCAGGAAAA**GGACATTTTAC	Como *erm* (A)	572	X54338	[224]

1. 94 °C 5min depois 50 x (94 °C 30 seg, 55.5 °C 30 seg, 72 °C 30 seg), 2.35 x (94 °C 30 seg, 64 °C 30 seg, 72 °C 60 seg), 3.30 x (94 °C 120 seg, 55 °C 120 seg, 72 °C 60 seg)

2.7. Eletroforese em gel de agarose

Após cada execução da PCR, as amostras foram colocadas num gel de agarose (Invitrogen, Reino Unido). Em geral, foi utilizado um gel de agarose a 1,5% preparado em 1xTAE. O tanque de gel foi enchido com 1xTAE ou 1xTBE 2-3 mm acima da placa de gel. Antes de correr no gel, os produtos da PCR foram misturados com 2µl loading buffer e 12µl de cada tubo foi colocado num único poço do gel já preparado. O gel foi colocado numa cuba de gel de eletroforese durante 45 minutos a 100V. Uma escada de ADN de 1Kb (Fermentas, lithania) foi colocada ao lado dos produtos de PCR como marcador de tamanho. Depois de correr o gel, este foi corado com brometo de etídio 1ug/ml durante 15 minutos e depois descolorado em água num frasco de plástico durante 10 minutos. As bandas coradas com brometo de etídio foram examinadas num transiluminador ultravioleta e fotografadas por um sistema de documentação em gel (Bio Rad Milan, Itália).

2.8. Epidemiologia molecular de *S. aureus* isolados de doentes queimados (amostras KBRN) pelo método PFGE

A epidemiologia molecular das amostras KBRN é determinada pelo método de eletroforese em gel de campo pulsado [225]. O método é optimizado e inclui os seguintes passos.

2.8.1. Cultivo de culturas frescas

As estirpes foram refrescadas em ágar sangue e uma colónia de cada cultura foi inoculada em TSB num tubo de plástico estéril de 17,5 X 100 mm (Corning, EUA). As células bacterianas foram misturadas com um vórtex e incubadas numa incubadora com agitação a 37° C durante 18-24 horas.

2.8.2. Preparação de tampões

A agarose SeaKem Gold (BMA #50152) foi preparada com uma concentração de 1,8% W/V em tampão Tris-EDTA (TE), o que permitiu obter a concentração final desejada de 0,9% W/V como concentração final do tampão após a adição da suspensão celular.

Foi recolhida uma quantidade aproximada de tampão TE de reserva (solução tampão TE de trabalho) num copo limpo, necessária para preparar e lavar os tampões.

Adicionou-se agarose SeaKem Gold, 1,8 g, a um frasco de 250 ml com tampa de rosca (Scotch Duran, Alemanha). Adicionou-se 100 ml de tampão TE de trabalho ao frasco e atou-se suavemente para dispersar a agarose. O líquido foi marcado no frasco para observar o menisco. Retirou-se a tampa do frasco e cobriu-se ligeiramente com película de plástico transparente. A mistura foi aquecida no micro-ondas durante 60 segundos, agitando-se suavemente. O aquecimento foi repetido em intervalos de 10 segundos até a agarose estar completamente dissolvida.

Qualquer perda de tampão TE foi substituída pela adição de água do tipo I (grau de reagente) previamente aquecida. O frasco foi tapado de novo e colocado a 55°C numa incubadora para equilibrar durante 30 minutos. Ao mesmo tempo, um conjunto de tubos de microcentrifugação estéreis e um tubo de plástico estéril de 17,5 x 100 mm (Corning, EUA) foram marcados de acordo com o número de isolados.

A suspensão celular dos isolados foi verificada pelo Densilameter II Erba Lachema e ajustada para 1,1-1,3 McFarland. 200 µl da suspensão celular ajustada em TSB foi transferida para o tubo de microcentrífuga rotulado e centrifugada a 13.000 rpm durante 3-4 minutos. O líquido é aspirado.

O sedimento é disperso em 300 µl de tampão TE (de trabalho), e os tubos são colocados em banho-maria a 37°C durante 10 minutos.

No caso de o número de isolados testados ser 23, costumava tirar e rotular os poços do molde com 30 poços. Os poços foram selados no lado da base com a ajuda de fita adesiva. Os tubos de microcentrifugação foram retirados do banho de água e 4 µl solução de reserva convencional de lisostafina [Sigma #L7386] (1 mg/ml em acetato de sódio 20 mM, pH 4,5) por tubo foi adicionada diretamente à suspensão de células e misturada cuidadosamente.

300 µl A agarose (já equilibrada a 55°C) é vertida na suspensão celular rapidamente, mas com cuidado, para evitar o corte do ADN e a criação de bolhas no tubo. A mistura foi misturada suavemente e dispensada no(s) poço(s) marcado(s) do molde do tampão. Todas as misturas de células em agarose foram dispensadas e os tampões foram deixados a solidificar à temperatura ambiente durante 10-15 minutos.

2.8.3. Lise das células

Com a ajuda de uma espátula, os tampões foram transferidos para um tubo de plástico estéril rotulado de 17,5 X 100 mm (Corning, EUA), ao qual já tinham sido adicionados pelo menos 3 ml de tampão de lise da CE. Estes tubos foram colocados na incubadora a 37°C durante pelo menos 4 horas.

2.8.4. Tampões de enxaguamento

O tampão de lise da CE foi descartado enquanto os tampões eram mantidos nos tubos com a ajuda de uma espátula. Foram adicionados pelo menos 4 ml de tampão TE ao tubo de plástico estéril de 17,5 X 100 mm (Corning, EUA) e agitados num agitador orbital, à temperatura ambiente, durante 30 minutos. Os tampões foram mantidos imersos em tampão TE. Deitou-se fora o tampão e repetiu-se este processo pelo menos mais três vezes. Após todas as lavagens, foram adicionados 4 ml de tampão TE de trabalho ao tubo que continha os tampões e armazenados a 4 °C até à fase seguinte (preparação dos digeridos enzimáticos).

2.8.5. Digestão com a enzima de restrição *SmaI*

Para o efeito, os tubos de microcentrifugação estéreis de 1,5 ml foram rotulados de acordo com o número de isolado atribuído.

- Foi preparada uma quantidade suficiente de mistura de tampão de água 1 X, ou seja, 200 µl por tampão (20 µl de 10X T Buffer (Takara Japan) e 180 µl de água estéril de grau de reagente). Assim, para 23 tampões, foi preparado um total de 4600 µl de tampão de água num tubo estéril (17,5 X 100 mm tubo de plástico Corning USA). A partir desta mistura, adicionámos 200 µl à etiqueta tubos de microcentrifugação.
- Os tampões foram retirados do tubo de armazenamento e colocados numa placa de Petri esterilizada. Os tampões foram cortados com um tamanho de 2 x 5 mm.
- As fatias de tampão foram colocadas numa microcentrifugadora rotulada contendo uma mistura de água e tampão durante 30-45 minutos à temperatura ambiente para equilibrar.
- Entretanto, foi preparado um tampão de água enzimático suficiente no tubo que também é utilizado para a mistura de tampão de água. A mistura contém 20 µl 10X T Buffer stock (Takara Japan) diluída com 177 µl água estéril, tipo I e 3 µl enzima SmaI (10 unidades/ml, Takara Japão). Assim, para 23 tampões, foi preparada uma mistura total de 4600 µl .
- O tampão de água foi removido das fatias de tampão após 30 minutos de equilíbrio com a ajuda de uma pipeta equipada com uma ponta 250 µl .
- Depois disto, foi adicionada a cada tubo a mistura enzimática do tampão de água 200 µl (já preparada no passo número 4). Os tubos foram fechados e misturados com uma ligeira pancada e incubados a 25°C durante 3 horas.

2.8.6. Processo de funcionamento do gel

- Para preparar o gel de corrida, adicionou-se 1% w/v de agarose SeaKem Gold (Lonza, Suíça) a 150 ml de tampão TBE 0,5X para o gel grande (21 x 14 cm). Esta agarose fundida foi colocada no banho-maria a 55 °C para equilibrar e manter-se fundida para ser vertida no tabuleiro de gel.
- Simultaneamente, foram vertidos 2000 ml de tampão de corrida (0,5X TBE) no tanque do gel. A bomba foi ligada e regulada para 70 para um caudal de 1 litro por minuto. O módulo de arrefecimento foi regulado para 14°C.
- O tabuleiro de moldagem do gel foi montado e colocado num local nivelado para produzir um gel uniforme.

Os tampões foram recolhidos com uma espátula e colocados diretamente na extremidade do dente do pente. Utilizou-se o marcador Lambda PFGE, 50-1000kb (cl857 *ind* 1 *Sam7*, New England BioLabs) como escada de ADN, que foi colocado nos diferentes dentes do pente com os números 2, 9, 16, 23 e 29. O pente foi colocado no seu devido lugar no suporte do pente e certificou-se de que os tampões permaneceriam no gel depois de verter o gel de agarose. A agarose foi vertida cuidadosamente na tentativa de gel, de modo a não deslocar as fatias de gel. O gel foi deixado solidificar durante 45 minutos. Depois disso, o pente foi retirado, levantando-o a direito.

- O gel foi retirado da plataforma de moldagem (gel frame), mas foi deixado como tal na placa preta amovível. O excesso de agarose foi limpo do fundo e dos lados da placa preta com papel absorvente. O gel foi cuidadosamente colocado dentro da estrutura do gel na câmara de eletroforese. No final, a tampa da câmara foi fechada. Verificámos se o gel estava coberto pelo tampão de corrida e se o nível do tampão estava aproximadamente 2 mm acima da superfície do gel.
- Os parâmetros de funcionamento do CHEF-Mapper (fabricado pela Bio-Rad) foram os seguintes: temperatura = 14°C, volts = 200 (6v/cm), comutação inicial = 5 segundos, comutação final = 40 segundos e tempo total necessário = 21 horas para agarose SeaKem Gold.

2.8.7. Coloração e documentação

Após a conclusão da corrida, o CHEF-Mapper (Bio-Rad) foi rodado juntamente com o refrigerador. O gel foi retirado da câmara e corado com uma solução de brometo de etídio (AMRESCO X328, 10 mg/ml de stock; utilizou-se 50 µl de stock em 500 ml de água destilada) num recipiente de plástico coberto com folha de alumínio durante 20-30 minutos. O gel foi retirado e colocado noutro recipiente cheio de água destilada fresca e deixado durante 45 a 60 minutos.

As imagens do gel foram obtidas com o GEL DOC XR (Bio Rad Milan, Itália) e guardadas como ficheiro tiff para análise.

2.8.8. Processamento e análise de dados:

As imagens dos géis foram obtidas com o GEL DOC XR (Bio Rad Milan, Itália) e analisadas com o software BioNumerics Gel Compar II (Applied Maths, Kortrijk, Bélgica). As semelhanças em percentagens foram identificadas num dendrograma derivado do método de grupos de pares não ponderados, utilizando médias aritméticas baseadas nos coeficientes de Dice. A tolerância e a otimização da posição da banda foram fixadas em 1,25 e 0,5%, respetivamente. Foi selecionado um coeficiente de semelhança de 80% para definir os grupos de tipos de pulso.

2.9. BUFFERS

2.9.1. Tampão TAE (10 X)

O tampão Tris-ácido acético-EDTA (TAE) foi preparado com a seguinte composição:

	Para 1000ml	Concentração final.
Base Tris (Sigma, Alemanha)	48.44 g	40 mM
EDTA (Sigma, Alemanha)	7.44 g	2 mM

O pH da solução foi aumentado para 7,9 com ácido acético glacial e adicionou-se água destilada a 1000 ml. Para os géis de agarose, foi utilizado o tampão 1xTAE. Este tampão foi também utilizado como tampão de corrida para a eletroforese em gel de agarose.

2.9.2. TE (10 mM Tris HCl, 1 mM EDTA, pH 8) e tampões NET

A partir das soluções de reserva: Para 2000 ml, foi adicionado um total de 20 ml de Tris HCl 1M, pH 8 e 4ml de EDTA 0,5M, pH 8, num cilindro de 2000ml. O volume foi aumentado para 2000 ml numa proveta graduada através da adição de água de tipo I (grau de reagente). Este tampão foi autoclavado em ciclo líquido durante 20 minutos. Esta solução foi mantida à temperatura ambiente para utilização posterior. Para preparar 100 ml de tampão NET, adicionou-se tampão TE a 99 ml de água PCR e, em seguida, 200 ml de NaCl 5M.

2.9.3. Tampão de lise CE

A concentração final necessária é constituída por 6 mM Tris HCL, 100 mM EDTA, 1 M NaCl, 0,5% Polioxietileno 20 Éter Cetílico (Sigma #P5884), 0,2% Desoxicolato de Sódio e 0,5% Laurilsarcosina de Sódio (Sigma #D6750)[53]. Preparámos 1800 ml de tampão de lise EC adicionando 10,8 ml de Tris HCl 1M (pH 8), 360 ml de NaCl 5M, 360 ml de EDTA 0,5 M (pH 8), (a partir da solução de reserva já preparada no nosso laboratório, 9gm de éter polioxietileno 20 cetílico, 3,6 gm de desoxicolato de sódio, 9 gm de lauroil de sódio sarcosina (Sigma #L5125) e 700ml de água tipo I.

Evitou-se a formação de espuma adicionando cada reagente cuidadosamente e a solução foi aquecida durante algum tempo para facilitar a solubalização. No final, foi adicionada uma quantidade suficiente para 1800 ml de água de tipo I. Esta solução foi autoclavada e depois mantida numa prateleira. Esta solução foi autoclavada e depois conservada numa prateleira.

2.9.4. Tampão Tris Borato EDTA (TBE)

O tampão Tris Borato EDTA (10 X) (TBE) foi adquirido à AccuGENE™ (Lonza) e diluídas como indicado no **quadro 2.11**

Tabela 2.10: Preparação de 0,5X TBE a partir de 10X TBE (AccuGENE™)

Reagentes	Volume (ml)					
10 X TBE	100	105	110	115	120	125
Água de grau de reagente	1900	1995	2090	2185	2280	2375
Volume total de 0,5X TBE	2000	2100	2200	2300	2400	2500

Tabela 2.11: Composição dos meios de cultura

Media	**Empresa/Código**	**Ingredientes**	**Quantidade (g/l)**
Ágar Nutriente pH 7,4± 0,2 a 25°C	Oxoid, Inglaterra CM0003	Extrato de levedura Lab- Lemco' Peptona em pó Ágar Cloreto de Sódio	2.0 1.0 5.0 5.0 15.0
Ágar DNASE pH 7,3± 0,2 a 25°C	Oxoid, Inglaterra CM0321	Triptose Ácido desoxirribonucleico Cloreto de sódio Ágar	20.0 2.0 5.0 12.0
Base de ágar sangue pH 7,3± 0,2 a 25°C	Oxoid, Inglaterra CM	Peptona em pó "Lab-Lemco Cloreto de sódio Ágar	10.0 10.0 5.0 15.0
Ágar MacConkey pH 7,4± 0,2 a 25°C	Oxoid, Inglaterra CM0007	Peptona Lactose Sais biliares Cloreto de sódio Ágar vermelho neutro	20.0 10.0 5.0 5.0 0.075 12.0
Caldo de nutrientes pH 7,4± 0,2 a 25°C	Oxoid, Inglaterra CM0001	Pó "Lab-Lemco Extrato de levedura Peptona Cloreto de sódio	1.0 2.0 5.0 5.0
Ágar-sal de manitol pH 7,5 ± 0,2 a 25°C	Oxoid, Inglaterra CM0085	Pó "Lab-Lemco Peptona Manitol Cloreto de sódio Vermelho de fenol Ágar	1.0 10.0 10.0 75.0 0.025 15.0
Mueller-Hinton Ágar pH 7,3 ± 0,2 a 25°C	Oxoid, Inglaterra CM0337	Extrato de carne de bovino, infusão desidratada de amido hidrolisado de caseína Ágar	300.0 17.5 1.5 17.0

Caldo de soja triptona pH 7,3 ± 0,2 a 25ºC	Oxoid, Inglaterra CM0129	Digestão pancreática da caseína Digestão papaica de farinha de soja Cloreto de sódio Dibásico de potássio fosfato Glucose	17.0 3.0 5.0 2.5 2.5

***Brilliance* MRSA 2**	Oxoid, Inglaterra	Mistura de peptonas	20.0
AGAR		Hidratos de carbono	4.0
	PO1210 (REINO UNIDO)	Caulino	15.0
		Sais	5.0
		Ágar	13.0
		Mistura cromogénica	0.2
pH 7,3 + 0,2 a 25 °C		Cocktail de antibióticos	0.2

Capítulo 3

Resultados e discussão

3.1 Resultados

Os Staphylococcus aureus isolados são enumerados na **tabela 3.1**. Os dados destes isolados são apresentados de acordo com a área de onde foram recolhidos, tal como descrito na secção de materiais e métodos.

3.2 Amostras de laboratório do Hospital Universitário de Khyber (KLS)

As amostras recebidas na secção de microbiologia do Laboratório do Khyber Teaching Hospital (KLS) foram analisadas para deteção de *Staphylococcus aureus*. Foi recolhido um total de 167 isolados de *S. aureus*, que foram submetidos a difusão em disco e ao teste MIC para determinar a sensibilidade da cultura. Estas amostras foram também analisadas para deteção dos genes *nuc* e *mecA* para identificação e seleção de estirpes de MRSA. Foram estudadas as distribuições de diferentes genes de toxinas que estes isolados albergam. Estes isolados foram ainda processados para a deteção de diferentes genes de resistência à eritromicina, que são discutidos abaixo

Tabela 3.1: Número de espécimes e isolados recolhidos

	Coleção de estirpes	Número de espécimes	Número de isolados
Amostras recolhidas dos doentes	Khyber Teaching Hospital LAB Amostras colhidas no laboratório clínico (KLS).	8,975	167
	Amostras de sangue do laboratório do Khyber Teaching Hospital (KLBS).	1161	15
	Amostras recolhidas na unidade de queimados do Khyber Teaching Hospital (KBRN).	400	89
	Amostras colhidas na enfermaria de ortopedia do Hayat Abad Medical Complex (HMC)	250	92
Amostras ambientais	Amostras ambientais do Khyber Teaching Hospital (KE).	200	64
	Estirpes retiradas de notas de moeda (CRN) recolhidas na cafetaria do Khyber Teaching Hospital (KTH)	150	18
	Número total	**11,136**	**445**

3.3 Dados de sensibilidade da cultura por teste de difusão em disco

Foi processado um total de 8975 amostras recebidas para cultura e sensibilidade. Foram isolados 167 *S. aureus*. Entre os *S. aureus* isolados, 100 (59,88%) foram confirmados como MRSA, uma vez que apresentaram resistência à cefoxitina. Foi utilizado um total de 21 antibióticos contra *S. aureus* pertencentes a vários grupos **(Quadro 3.2)**. A vancomicina apresentou a atividade mais elevada, com 94,01%. O cloranfenicol apresentou uma atividade de 90,42%, o ácido fusídico 88,02%, a rifampicina 80,24% e a linezolida 78,44%. Entre os beta-lactâmicos utilizados, o meropenem teve a atividade mais elevada, ou seja, 59,88%. Seguiram-se a cefoxitina e a cefepima com 40,12% de atividade cada, o cefpirome com 38,92% e o cefaclor com 37,13% de atividade. A menor atividade registada entre os beta-lactâmicos foi a da ampicilina (4,19%). Os aminoglicosídeos amicacina e gentamicina foram igualmente eficazes, com 56,89% de atividade. A doxiciclina, a claritromicina, a ciprofloxacina e a SXT apresentaram 62,87, 51,5, 43,71 e 29,94%, respetivamente.

Tabela 3.2: Dados de suscetibilidade de *S. aureus* em KLS (n=167)

Agentes antimicrobianos	**Resistência n (%)**	**Suscetibilidade n (%)**	**Intermédio n (%)**
Cefoxitina	100 (59.88)	67 (40.12)	0 (0)
Amoxicilina + ácido clualínico	101 (60.48)	59 (35.33)	7 (4.19)
Ampicilina	160 (95.81)	7 (4.19)	0 (0)
Cefradrina	96 (57.49)	66 (39.52)	5 (2.99)
Cefaclor	91 (54.49)	62 (37.13)	14 (8.38)
Ceftazdime	141 (84.43)	13 (7.78)	13 (7.78)
Cefixima	135 (80.84)	23 (13.77)	9 (5.39)
Cefepima	89 (53.29)	68 (40.72)	10 (5.99)
Cefpiroma	96 (57.49)	65 (38.92)	6 (3.59)
Ciprofloxacina	74 (44.31)	73 (43.71)	20 (11.98)
Claritromicina	63 (37.72)	86 (51.5)	18 (10.78)
Meropenem	47 (28.14)	100 (59.88)	20 (11.98)
Gentamicina	67 (40.12)	95 (56.89)	5 (2.99)
Amicacina	47 (28.14)	95 (56.89)	25 (14.97)
Doxiciclina	37 (22.16)	105 (62.87)	25 (14.97)
Trimetoprim+Sulfametoxazol	104 (62.28)	50 (29.94)	13 (7.78)
Vancomicina	0 (0)	156 (93.41)	11 (6.56)
Linezolida	36 (21.56)	131 (78.44)	0 (0)
Ácido fusídico	20 (11.98)	147 (88.02)	0 (0)

Rifampicina	26 (15.57)	134 (80.24)	7 (4.19)
Cloanfenicol	11 (6.59)	151 (90.42)	5 (2.99)

Para encontrar as diferenças nos dados de sensibilidade das culturas de MRSA e MSSA, os dados foram divididos e observados separadamente nos **quadros 3.3** e **3.4.**

Não se registou qualquer resistência à vancomicina nos MRSA isolados no laboratório de microbiologia do KTH, ou seja, todos os MRSA eram susceptíveis à vancomicina **(Quadro 3.3)**. Entre os 100 isolados de MRSA, 98 eram resistentes à cefoxitina. A seguir à vancomicina, o cloranfenicol matou 89% dos MRSA. O ácido fusídico teve 84% de atividade, a RD 75%, enquanto a linezolida teve 71% de atividade. Dos 100 MRSA, 44 eram susceptíveis à doxiciclina, 40 ao meropenem, 36 à amicacina e 32 à gentamicina. A claritromicina, a ciprofloxacina e a SXT apresentaram baixa atividade. Os beta-lactâmicos tiveram uma atividade muito baixa contra os isolados de MRSA.

Tabela 3.3: Dados de suscetibilidade de MRSA em isolados de KLS (n=100)

Agentes antimicrobianos	**Resistência n (%)**	**Suscetibilidade n (%)**	**Intermédio n (%)**
Cefoxitina	100 (100)	0 (0)	0 (0)
Amoxicilina + ácido clualínico	91 (91)	9 (9)	0 (0)
Ampicilina	98 (98)	2 (2)	0 (0)
Cefadrina	96(96)	4 (4)	0 (0)
Cefaclor	88 (88)	5 (5)	7 (7)
Ceftazdime	94 (94)	1 (1)	5 (5)
Cefixima	96(96)	1 (1)	3 (3)
Cefepima	78 (78)	19 (19)	3 (3)
Cefpiroma	92 (92)	7 (7)	1 (1)
Ciprofloxacina	65 (65)	20 (20)	15 (15)
Claritromicina	56(56)	30 (30)	14 (14)
Meropenem	42 (42)	40 (40)	18 (18)
Gentamicina	63 (63)	32(32)	5 (5)

Amicacina	43 (43)	36 (36)	21 (21)
Doxiciclina	35 (35)	44 (44)	21 (21)
Trimetoprim+Sulfametoxazol	73 (73)	20 (20)	7 (7)
Vancomicina	0 (0)	95 (95)	5 (5)
Linezolida	29 (29)	71 (71)	0 (0)
Ácido fusídico	16 (16)	84 (84)	0 (0)
Rifampicina	19 (19)	75 (75)	6 (6)
Cloranfenicol	10 (10)	89 (89)	1 (1)

Entre os 167 *S. aureus* colhidos no laboratório KHT, 67 eram MSSA **(Tabela 3.4)**. Todos eles eram susceptíveis à cefoxitina. Em geral, os isolados de MSSA eram susceptíveis à maioria dos antibióticos utilizados. Todos os isolados foram inibidos pela vancomicina e pela linezolida (100% de atividade). A cefradina, uma cefalosporina de primeira geração, inibiu 98,51% dos MSSA, enquanto o ácido fusídico e a gentamicina inibiram 94,03% dos isolados. O cloranfenicol, a doxiciclina, o meropenem, a RD, a amicacina, a cefpodoxima e o cefaclor também apresentaram boas actividades, com 92,54%, 91,04%, 89,55%, 88,06%, 86,57% e 85,07%, respetivamente. O antibiótico menos ativo contra a MSSA foi a ampicilina, com apenas 7,46% de atividade.

Tabela 3.4: Dados de suscetibilidade de MSSA em isolados de KLS (n=67)

Agentes antimicrobianos	**Resistência n (%)**	**Suscetibilidade n (%)**	**Intermédio n (%)**
Cefoxitina	0 (0)	67 (100)	0 (0)
Amoxicilina + ácido clualínico	14 (20.9)	50 (74.63)	3 (4.48)
Ampicilina	62(92.54)	5 (7.46)	0 (0)
Cefradrina	0(0)	66 (98.51)	1 (1.49)
Cefaclor	3(4.48)	57 (85.07)	7 (10.45)
Ceftazdime	47 (70.15)	12 (17.91)	8 (11.94)
Cefixima	39 (58.21)	22 (32.84)	6 (8.96)

Cefepima	11 (16.42)	49 (73.13)	7 (10.45)
Cefpiroma	4 (5.97)	58 (86.57)	5 (7.46)
Ciprofloxacina	9 (13.43)	53 (79.1)	5 (7.46)
Claritromicina	7 (10.45)	56 (83.58)	4 (5.97)
Meropenem	5 (7.46)	60 (89.55)	2 (2.99)
Gentamicina	4 (5.97)	63 (94.03)	0 (0)
Amicacina	4 (5.97)	59 (88.06)	4 (5.97)
Doxiciclina	2 (2.99)	61 (91.04)	4 (5.97)
Trimetoprim+Sulfametoxazol	31 (46.27)	30 (44.78)	6 (8.96)
Vancomicina	0 (0)	61 (91.04)	6 (8.96)
Linezolida	7 (10.45)	67 (100)	0 (0)
Ácido fusídico	4 (5.97)	63 (94.03)	0 (0)
Rifampicina	7 (10.45)	59 (88.06)	1 (1.49)
Cloanfenicol	1 (1.49)	62 (92.54)	4 (5.97)

3.4 Concentração inibitória mínima (CIM) dos isolados de KLS

O valor da CIM dos sete antibióticos seguintes foi determinado para os isolados de *S. aureus* através do método de microdiluição em caldo. Os valores MIC50 e MIC90 são apresentados no **quadro 3.5**. Os agentes antiestafilocócicos apresentaram uma atividade elevada. A MIC50 e a MIC90 do MRSA foram mais elevadas do que as do MSSA.

Tabela 3.5: Valores MIC50 e MIC90 de antibióticos contra *S. aureus* (n=167), MRSA (n=100) e MSSA (n=67) de isolados de KLS em µg/ml

Agentes antimicrobianos	*S. aureus*		MRSA		MSSA	
	MIC50	**MIC90**	**MIC50**	**MIC90**	**MIC50**	**MIC90**
Cefoxitina	64	256	128	256	1	2
Cefadrina	64	256	128	256	4	8

Ciprofloxacina	4	128	64	128	1	16
Eritromicina	2	128	32	128	0.5	32
Vancomicina	1	2	1	2	1	2
Linezolida	2	16	2	32	2	4
Ácido fusídico	1	8	1	16	1	2

3.5 Distribuição dos genes no KLS

Todos (167) os isolados *de S. aureus* em KLS eram *nuc* positivos e 100 eram *mecA* positivos, ou seja, MRSA. Dos 167 S aureus, 102 (61,07%) continham o gene *pvl*, 77 (46,10%) o gene sea, 51 (30,53%) o gene seb, 16 (9,58% o gene sec e 6 (3,59%). Não foi detectado nenhum gene sed. *O Pvl* foi altamente prevalente no MRSA (80,59%) em comparação com o MSSA (48%). A prevalência dos genes sea, seb, sec e tsst foi maior no MRSA (49, 31, 10 e 4%) em comparação com 41,79, 29,85, 8,95 e 2,98%). A prevalência global dos genes *erm* foi: *ermA* 40 (23,95%), *ermC* 39 (23,35) e *ermB* 35 (20,95%), sendo mais elevada em MRSA.

Os isolados que possuíam mais do que um gene de toxina foram encontrados tanto no MRSA como no MSSA. Uma estirpe de MRSA continha os genes das toxinas *pvl*, *sea*, *seb* e *sec*. Os géis de PCR são apresentados nas **figuras 3.1**, **3.2** e **3.3**, enquanto o resultado do ágar MRSA brilhante 2 é apresentado na **figura 3.4**. As distribuições de vários genes nestas amostras são apresentadas nos **quadros 3.6-3.8**.

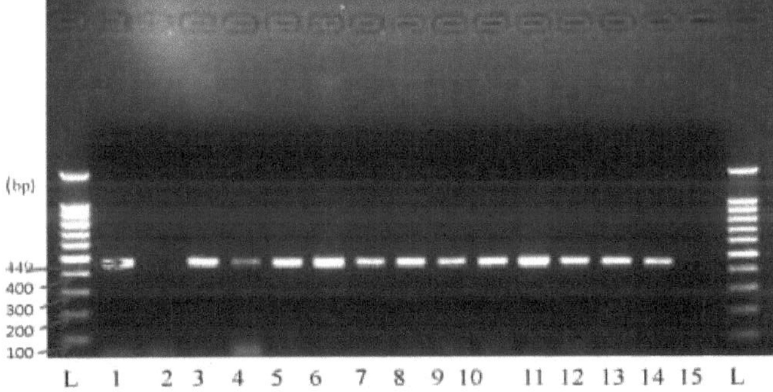

Fig 3.1: Eletroforese em gel do produto de PCR para o gene *mecA* em isolados de *S. aureus* (KLS); L: escada de 100 pb, pista 1: *S. aureus* ATCC 43300. 2: *S. aureus* ATCC 259234, 3: Isolado designado por KLS 2, 4: Isolado KLS 3, 5: Isolado KLS 4, 6: Isolado KLS 5, 7: Isolado KLS 8, 8: Isolado 14, 9: Isolado 15, 10: Isolado 16, 11: Isolado KLS 18, 12: Isolado KLS 20, 13: Isolado KLS 21, 14: Isolado KLS 22, 15: Isolado KLS 23.

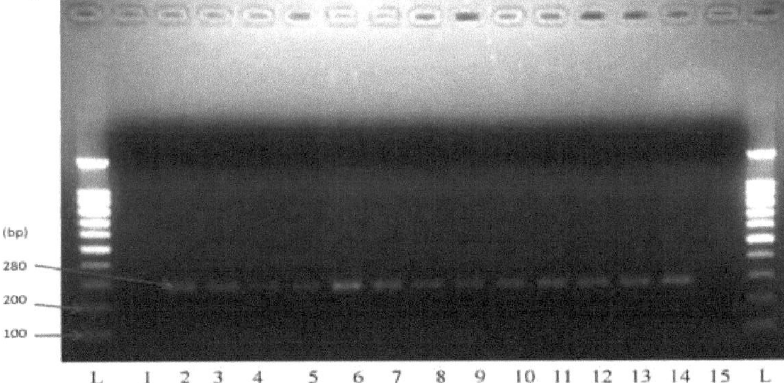

Fig 3.2: Eletroforese em gel do produto de PCR para o gene *nuc* em isolados de *S. aureus* (KLS); L: escada de 100 pb, 1: mistura de PCR sem ADN modelo, 2: *S. aureus* ATCC 259234, 3: Isolado designado por KLS

1, 4: Isolado KLS 2, 5: Isolado KLS 3, 6: Isolado KLS 4, 7: Isolado KLS 5, 8: Isolado 6, 9: Isolado 7, 10: Isolado 8, 11: Isolado KLS 9, 12: Isolado KLS 10, 13: Isolado KLS 11, 14: Isolado KLS 12, 15: *S. epidermidis*.

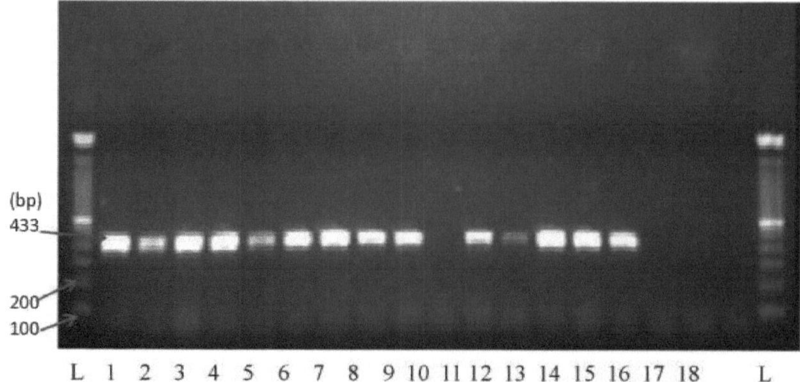

Fig 3.3: Imagem de gel do produto de PCR para *pvl.* em isolados de *S. aureus* (KLS). L: escada de 100 pb, 1: *S'. aureus ATCC* 49775, 2: Isolado designado por KLS 87, 3: KLS 88, 4: KLS 89, 5: KLS 90, 6: KLS 91, 7: KLS 92, 8: KLS 93, 9: KLS 94, 10: KLS 95, 11: KLS 96, 12: KLS 97, 13: KLS 98, 14: KLS 99, 15: KLS 100, 16: KLS 101, 17: KLS 102, 18: Mistura de PCR sem ADN modelo.

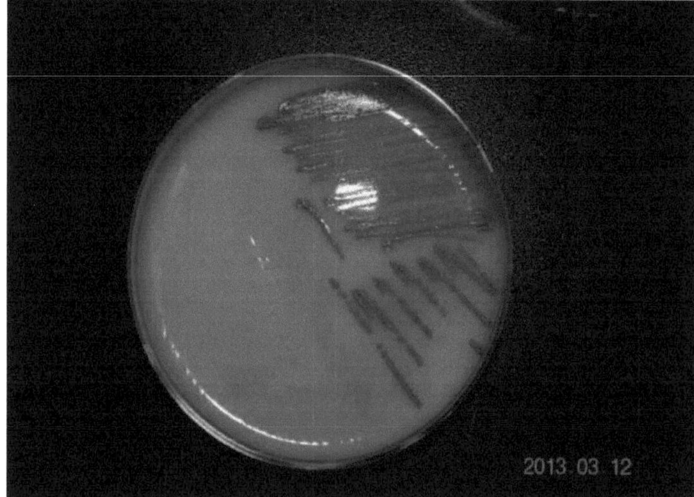

Fig. 3.4: Colónias de cor azul denim da cultura de MRSA no meio *Brilliance* MRSA 2 AGAR.

Tabela 3.6: Distribuição de diferentes genes em *S. aureus* de isolados KLS (n=167)

Genes	Estirpes positivas para genes n (%)	Estirpes negativas para genes n (%)
mecA	100 (59.88)	67 (40.12)
nuc	167 (100.00)	0 (0.00)
pvl	102 (61.08)	65 (38.92)
erm A	40 (23.95)	127 (76.05)
erm B	35 (20.95)	132 (79.04)

erm C	39 (23.35)	128 (76.65)
mar	77 (46.11)	90 (53.89)
seb	51 (30.54)	116 (69.46)
sec	16 (9.58)	151 (90.42)
sed	0 (0.00)	167(100.00)
tst	6 (3.59)	161 (96.41)

mecA: gene localizado no cromossoma de cassete estafilocócico *mec* para a confirmação de MRSA; *nuc*: gene da termonuclease em *S'. aureus*, *pvl*:Panton Valentine Leukocidin; *erm*: eritromicina metilase ribossómica, incluindo *ermA*, *ermB* e *ermC*; Se: Enterotoxinas estafilocócicas, incluindo *sea*, *seb*, *sec*, sed e tst: Toxina do síndroma do choque tóxico.

Tabela 3.7: Distribuição de diferentes genes em MRSA de isolados de KLS (n=100)

Genes	**Estirpes positivas para genes n (%)**	**Estirpes negativas para genes n (%)**
mec A	100 (100.00)	0 (0.00)
Nuc	100 (100.00)	0 (0.00)
Pvl	48 (48.00)	52 (52.00)
erm A	35 (35.00)	65 (65.00)
erm B	21 (21.00)	79 (79.00)
erm C	28 (28.00)	72 (72.00)
Mar	49 (49.00)	51 (51.00)
Seb	31 (31.00)	69 (69.00)
Sec	10 (10.00)	90 (90.00)
Sed	0 (0.00)	100 (100.00)
Tst	4 (4.00)	96 (96.00)

mecA: gene localizado no cromossoma de cassete estafilocócico *mec* para a confirmação de MRSA; *nuc*: gene da termonuclease em *S. aureus*, *pvl*:Panton Valentine Leukocidin; *erm*: eritromicina metilase ribossómica, incluindo *ermA*, *ermB* e *ermC*; Se: Enterotoxinas estafilocócicas, incluindo *sea*, *seb*, *sec*, sed e tst: Toxina do síndroma do choque tóxico.

Tabela 3.8: Distribuição de diferentes genes em MSSA de isolados de KLS (n=67)

Genes	**Estirpes positivas para genes n (%)**	**Estirpes negativas para genes n (%)**
mec A	0 (0.00)	67 (100.00)
nuc	67 (100.00)	0 (0.00)
pvl	54 (80.59)	13 (19.40)
erm A	5 (7.46)	62 (92.53)
erm B	14 (20.89)	53 (79.10)
erm C	11 (16.42)	56 (83.58)
mar	28 (41.79)	39 (58.21)
seb	20 (29.85)	47 (70.15)
sec	6 (8.95)	61 (91.04)
sed	0 (0.00)	67 (100.00)

tst	2 (2.98)	65 (97.01)

mecA: gene localizado no cromossoma de cassete estafilocócico *mec* para a confirmação de MRSA; *nuc*: gene da termonuclease em *S'. aureus*, *pvl*:Panton Valentine Leukocidin; *erm*: eritromicina metilase ribossómica, incluindo *ermA*, *ermB* e *ermC*; Se: Enterotoxinas estafilocócicas, incluindo *sea*, *seb*, *sec*, sed e tst: Toxina do síndroma do choque tóxico.

3.6 Amostra de sangue do laboratório do Khyber Teaching Hospital (KLBS)

Foram testados isolados recolhidos das amostras de sangue que foram recebidas no laboratório do KTH para sensibilidade à cultura. Obteve-se um total de 15 estirpes *de S. aureus* a partir de amostras de sangue cultivadas. Todos estes isolados eram resistentes à cefoxitina e nenhuma estirpe era resistente à vancomicina. Os antibióticos mais activos foram a linezolida e a RD, que inibiram 93,33% dos isolados. O cloranfenicol mostrou 86,67% de atividade, enquanto 80% dos isolados eram susceptíveis ao ácido fusídico, 73,33% à amicacina e 60% à gentamicina. Os outros antibióticos utilizados tiveram actividades inferiores a 50% **(Quadro 3.9).**

Tabela 3.9: Dados de suscetibilidade do total de *5, aureus* em isolados de KLBS (n=15)

Agente antimicrobiano	Resistência n (%)	Suscetibilidade n(%)	Intermédio n (%)
Cefoxitina	13 (86.67)	2 (13.33)	0 (0)
Amoxicilina + ácido clualínico	13 (86.67)	2 (13.33)	0 (0)
Ampicilina	15 (100.00)	0 (0.00)	0 (0)
Cefradrina	12 (80.00)	2 (13.33)	1 (6.67)
Cefaclor	13 (86.67)	2 (13.33)	0 (0.00)
Ceftazdime	13 (86.67)	0 (0.00)	2 (13.33)
Cefixima	15 (100.00)	0 (0.00)	0 (0.00)
Cefepima	14 (93.33)	0 (0.00)	1 (6.67)
Cefpiroma	12 (80.00)	2 (13.33)	1 (6.67)
Ciprofloxacina	12 (80.00)	2 (13.33)	1 (6.67)
Claritromicina	8 (53.33)	6 (40.00)	1 (6.67)
Meropenem	9 (60.00)	5 (33.33)	1 (6.67)
Gentamicina	10 (66.67)	4 (26.67)	1 (6.67)
Amicacina	3 (20.00)	9 (60.00)	3 (20.00)
Doxiciclina	0 (0.00)	15 (100.00)	0 (0.00)
Trimetoprim+Sulfametoxazol	10 (66.67)	5 (33.33)	0 (0.00)
Vancomicina	0 (0.00)	15 (100.00)	0 (0.00)
Linezolida	0 (0.00)	15 (100.00)	0 (0.00)
Ácido fusídico	6 (40.00)	9 (60.00)	0 (0.00)
Rifampicina	1 (6.67)	13 (86.67)	1 (6.67)
Cloranfenicol	5 (33.33)	9 (60.00)	1 (6.67)

Para analisar a suscetibilidade aos antibióticos de MRSA e MSSA, agrupámo-los em tabelas separadas (**Tabela 3.10** e **3.11**). Entre os 15 *S. aureus* recuperados de amostras de sangue, 13 eram MRSA (86,67%). Nenhum dos isolados era resistente à vancomicina e à linezolida (100% de atividade). Havia 11 (84,62%) isolados susceptíveis à RD e 7 (53,85%) ao cloranfenicol, ao ácido fusídico e à amicacina. Os restantes antibióticos tinham menos de 40% de atividade **(Tabela 3.10)**.

Apenas duas estirpes de MSSA foram isoladas de amostras de sangue. Os seus dados são apresentados no **quadro 3.11.**

Tabela 3.10: Dados de suscetibilidade de MRSA em isolados de KLBS (n=13)

Agente antimicrobiano	**Resistência n (%)**	**Suscetibilidade n (%)**	**Intermédio n (%)**
Cefoxitina	13(100)	0 (0.00)	0 (0.00)
Amoxicilina + ácido clualínico	12 (92.31)	1 (7.69)	0 (0.00)
Ampicilina	13 (100.00)	0 (0.00)	0 (0.00)
Cefradrina	12(92.31)	0 (0.00)	1 (7.69)
Cefaclor	13 (100.00)	0 (0.00)	0 (0.00)
Ceftazdime	11 (84.62)	0 (0.00)	2 (15.38)
Cefixima	13 (100.00)	0 (0.00)	0 (0.00)
Cefepima	12 (92.31)	0 (0.00)	1 (7.69)
Cefpiroma	11 (84.62)	1 (7.69)	1 (7.69)
Ciprofloxacina	11 (84.62)	1 (7.69)	1 (7.69)
Claritromicina	7 (53.85)	5 (38.46)	1 (7.69)
Meropenem	8 (61.54)	4 (30.77)	1 (7.69)
Gentamicina	9 (69.23)	3 (23.08)	1 (7.69)
Amicacina	3 (23.08)	7 (53.85)	3 (23.08)
Doxiciclina	0 (0.00)	13 (100.00)	0 (0.00)
Trimetoprim+Sulfametoxazol	9 (69.23)	4 (30.77)	0 (0.00)
Vancomicina	0 (0.00)	13 (100.00)	0 (0.00)
Linezolida	0 (0.00)	13 (100.00)	0 (0.00)
Ácido fusídico	6 (46.15)	7 (53.85)	0 (0.00)
Rifampicina	1 (7.69)	11 (84.62)	1 (7.69)
Cloranfenicol	5 (38.46)	7 (53.85)	1 (7.69)

Tabela 3.11: Dados de suscetibilidade de MSSA em isolados de KLBS (n=2)

Agente antimicrobiano	**Resistência n (%)**	**Suscetibilidade n (%)**	**Intermédio n (%)**
Cefoxitina	0 (0.00)	2 (100.00)	0 (0.00)
Amoxicilina + ácido clualínico	1 (50.00)	1 (50.00)	0 (0.00)
Ampicilina	2 (100.00)	0 (0.00)	0 (0.00)
Cefradrina	0 (0.00)	2 (100.00)	0 (0.00)
Cefaclor	0 (0.00)	2 (100.00)	0 (0.00)
Ceftazdime	2 (100.00)	0 (0.00)	0 (0.00)
Cefixima	2 (100.00)	0 (0.00)	0 (0.00)
Cefepima	2 (100.00)	0 (0.00)	0 (0.00)
Cefpiroma	1 (50.00)	1 (50.00)	0 (0.00)

Ciprofloxacina	1 (50.00)	1 (50.00)	0 (0.00)
Claritromicina	1 (50.00)	1 (50.00)	0 (0.00)
Meropenem	1 (50.00)	1 (50.00)	0 (0.00)
Gentamicina	1 (50.00)	1 (50.00)	0 (0.00)
Amicacina	0 (0.00)	2 (100.00)	0 (0.00)
Doxiciclina	0 (0.00)	2 (100.00)	0 (0.00)
Trimetoprim+Sulfametoxazol	1 (50.00)	1 (50.00)	0 (0.00)
Vancomicina	0 (0.00)	2(100.00)	0 (0.00)
Linezolida	0 (0.00)	2 (100.00)	0 (0.00)
Ácido fusídico	0 (0.00)	2 (100.00)	0 (0.00)
Rifampicina	0 (0.00)	2 (100.00)	0 (0.00)
Cloranfenicol	0 (0.00)	2 (100.00)	0(0.00)

3.7 CIM dos isolados de KLBS

Do total de isolados *de S. aureus* nas amostras KLBS, 7 (47,00%) foram detectados como resistentes ao ácido fusídico pelo método de diluição em caldo. O MIC90 é, por conseguinte, elevado para estes *S. aureus* isolados de amostras de sangue de doentes. Estes isolados eram maioritariamente MRSA.

Tabela 3.12: Valores MIC50 e MIC90 dos antibióticos contra *S. aureus* (n=15), MRSA (n=13) e MSSA (n=2) de isolados de KLBS em . µg/ml

Agentes antimicrobianos	***S. aureus***		**MRSA**		**MSSA**	
	MIC50	MIC90	MIC50	MIC90	MIC50	MIC90
Cefoxitina	128	256	128	256	1	2
Cefadrina	128	256	128	256	4	8
Ciprofloxacina	64	128	64	128	128	128
Eritromicina	64	128	64	128	32	64
Vancomicina	0.25	1	0.25	1	0.125	0.5
Linezolida	0.5	4	0.5	4	0.25	0.25
Ácido fusídico	1	64	1	64	1	16

3.8 Distribuição de vários genes em *S. aureus* de KLBS

A presença do gene *nuc* foi positiva nas 15 amostras de KLBS. O gene *mecA* foi encontrado em 13 isolados. Das 15 amostras, o gene *pvl* foi encontrado em 10 (66,67%) isolados, *seb* em 7 (46,67%), *sea* em 5 (33,33%), *sec* em 2 (13,33%) e *tsst* em 1 (6,67%) isolados. Não foi detectado nenhum gene sed em nenhum isolado. Apenas 2 isolados eram resistentes à eritromicina com genes *ermC* **(quadros 3.13, 3.14 e 3.15).**

Tabela 3.13: Distribuição de genes em *S. aureus* de isolados de KLBS (n=15)

Genes	**Estirpes positivas para genes n (%)**	**Estirpes negativas para genes n (%)**
mec A	13 (86.67)	2 (13.33)
nuc	15 (100.00)	0 (0.00)
pvl	10 (66.67)	5 (33.33)
erm A	0 (0.00)	15 (100.00)

erm B	0 (0.00)	15 (100.00)
erm C	2 (13.33)	13 (86.67)
mar	5 (33.33)	10 (66.67)
seb	7 (46.67)	8 (53.33)
sec	2 (13.33)	13 (86.67)
sed	0 (0.00)	15 (100.00)
tst	1 (6.67)	14 (93.33)

Tabela 3.14: Distribuição de diferentes genes em MRSA de isolados de KLBS

Genes	Estirpes positivas para genes n (%)	Estirpes negativas para genes n (%)
mecA	13 (100.00)	0 (0.00)
nuc	13 (100.00)	0 (000)
pvl	9 (69.23)	4 (30.77)
erm A	0 (0.00)	13 (100.00)
erm B	0 (0.00)	13 (100.00)
erm C	2 (15.38)	11 (84.62)
mar	5 (38.46)	8 61.54)
seb	6 (46.15)	7 (53.85)
sec	2 (15.38)	11 (84.62)
sed	0 (0.00)	13 (100.00)
tst	1 (7.69)	12 (92.31)

Tabela 3.15: Distribuição de diferentes genes em isolados de MSSA de KLBS (n=2)

Genes	Estirpes positivas para genes n (%)	Estirpes negativas para genes n (%)
mec A	0 (0.00)	2 (100.00)
nuc	2 (100.00)	0 (0.00)
pvl	1 (50.00)	1 (50.00)
erm A	0 (0.00)	2 (100.00)
erm B	0 (0.00)	2 (100.00)
erm C	0 (0.00)	2 (100.00)
mar	1 (50.00)	1 (50.00)
seb	1 (50.00)	1 (50.00)
sec	0 (0.00)	2 (100.00)
sed	0 (0.00)	2 (100.00)
tst	0 (0.00)	2 (100.00)

mecA: gene localizado no cromossoma de cassete estafilocócico *mec* para a confirmação de MRSA; *nuc*: gene da termonuclease em *S'. aureus*, *pvl*:Panton Valentine Leukocidin; *erm*: eritromicina metilase ribossómica, incluindo *ermA*, *ermB* e *ermC*; Se: Enterotoxinas estafilocócicas, incluindo *sea*, *seb*, *sec*, sed e tst: Toxina do síndroma do choque tóxico.

3.9 Amostras ambientais do Hospital Universitário de Khyber KE

Para verificar a contaminação nas enfermarias, foram também processadas amostras ambientais **(quadro 3.16).** Foram recolhidas 64 amostras de *S. aureus* de mesas, cadeiras, lençóis, etc. de várias enfermarias do KTH. Estas amostras foram depois submetidas a testes de suscetibilidade. Não se registou nenhum isolado resistente à vancomicina. Um total de 52 isolados (81,25%) eram susceptíveis à linezolida e à amicacina, 51 (79,69%) ao ácido fusídico, 49 (76,56%) ao cloranfenicol, 47 (73,44%) à doxiciclina e 44 (68,75%) ao meropenem. As cefalosporinas não foram muito eficazes.

Tabela 3.16: Suscetibilidade de *S. aureus* em isolados de KE (n=64)

Agente antimicrobiano	Resistência n (%)	Suscetibilidade n (%)	Intermédio n (%)
Cefoxitina	37 (57.81)	27 (42.19	O (O)
Amoxicilina + ácido clualínico	35 (54.69)	27 (42.19)	2(3.13)
Ampicilina	64 (100.00)	O (O.OO)	O (O)
Cefadrina	30 (46.88)	33 (51.56)	1 (1.56)
Cefaclor	29 (45.31)	29 (45.31)	6 (9.38)
Ceftazdime	62 (96.88)	O (O.OO)	2(3.13)
Cefixima	63 (98.44)	O (O.OO)	1 (1.56)
Cefepima	32 (50.00)	26 (40.63)	6 (9.38)
Cefpiroma	31 (48.44)	28 (43.75)	5 (7.81)
Ciprofloxacina	22 (34.38)	38 (59.38)	4 (6.25)
Claritromicina	20 (31.25)	34 (53.13)	10 (15.63)
Meropenem	15 (23.44)	44 (68.75)	5 (7.81)
Gentamicina	21 (32.81)	40 (62.50)	3 (4.69)
Amicacina	5 (7.81)	52 (81.25)	7 (10.94)
Doxiciclina	2 (3.13)	47 (73.44)	15 (23.44)
Trimetoprim+Sulfametoxazol	35 (54.69)	23 (35.94)	6 (9.38)
Vancomicina	O (O.OO)	56 (87.50)	8 (12.5)
Linezolida	12 (18.75)	52 (81.25)	O (O.OO)
Ácido fusídico	13 (20.31)	51 (79.69)	O (O.OO)
Rifampicina	15 (23.44)	48 (75.00)	1 (1.56)
Cloranfenicol	11 (17.19)	49 (76.56)	4 (6.25)

Entre os 37 MRSA isolados do ambiente do KTH, 89,19% eram susceptíveis à vancomicina e 86,47% à linezolida. A FD e o cloranfenicol também apresentaram boas actividades (81,08% cada). Seguiram-se a RD, a doxiciclina, a amicacina, o meropenem, a gentamicina, a ciprofloxacina e a claritromicina, com actividades de 75,68%, 67,57%, 54,05%, 40,54% e 35,14%.

Tabela 3.17: Suscetibilidade de MRSA em isolados de KE (n=37)

Agente antimicrobiano	Resistência n (%)	Suscetibilidade n (%)	Intermédio n (%)

Cefoxitina	37 (100.00)	O (O.OO)	O (O.OO)
Amoxicilina + ácido clualínico	31 (83.78)	4 (10.81)	2 (5.41)
Ampicilina	37 (100.00)	O (O.OO)	O (O.OO)
Cefradrina	28 (75.68)	9 (24.32)	O (O.OO)
Cefaclor	23 (62.16)	9 (24.32)	5 (13.51)
Ceftazdime	35 (94.59)	O (O.OO)	2 (5.41)
Cefixima	36 (97.30)	O (O.OO)	1 (2.7O)
Cefepima	24 (64.86)	9 (24.32)	4 (10.81)
Cefpiroma	24 (64.86)	9 (24.32)	4 (10.81)
Ciprofloxacina	18 (48.65)	15 (40.54)	4 (10.81)
Claritromicina	14 (37.84)	13 (35.14)	10 (27.03)
Meropenem	13 (35.14)	20 (54.05)	4 (10.81)
Gentamicina	15 (40.54)	20 (54.05)	2 (5.41)
Amicacina	5 (13.51)	25 (67.57)	7 (18.92)
Doxiciclina	2 (5.41)	25 (67.57)	10 (27.03)
Trimetoprim+Sulfametoxazol	23 (62.16)	10 (27.03)	4 (10.81)
Vancomicina	O (O.OO)	34 (91.89)	3 (8.11)
Linezolida	5 (13.51)	32 (86.49)	O (O.OO)
Ácido fusídico	7 (18.92)	30 (81.08)	O (O.OO)
Rifampicina	9 (24.32)	28 (75.68)	O (O.OO)
Cloranfenicol	4 (10.81)	30 (81.08)	3 (8.11)

Registaram-se 27 isolados de MSSA obtidos no ambiente do KTH. Um total de 26 (96,3%) isolados eram susceptíveis à cefoxitina. A cefradina e o meropenem apresentaram 88,89% de atividade cada. Seguiram-se o AMC, a ciprofloxacina e a vancomicina, que inibiram 85,19% dos isolados cada. A doxiciclina inibiu 81,48% dos isolados, a claritromicina e o ácido fusídico inibiram 77,78% dos isolados, o cefaclor, a gentamicina, a linezolida e a RD inibiram 74,07% dos isolados cada. O CPO e o cloranfenicol apresentaram ambos 70,37% de atividade. A ceftazidima e o CFM foram completamente inactivos contra o MSSA isolado, apresentando 0% de atividade.

Tabela 3.18: Suscetibilidade de isolados de MSSA em isolados de KE (n=27)

Agente antimicrobiano	**Resistência n (%)**	**Suscetibilidade n (%)**	**Intermédio n (%)**
Cefoxitina	0 (0.00)	27 (100.00)	0 (0.00)
Amoxicilina + ácido clualínico	4 (14.81)	23 (85.19)	0 (0.00)
Ampicilina	27 (100.00)	0 (0.00)	0 (0.00)
Cefradrina	2 (7.41)	24 (88.89)	1 (3.70)
Cefaclor	6 (22.22)	20 (74.07)	1 (3.70)
Ceftazdime	27 (100.00)	0 (0.00)	0 (0.00)
Cefixima	27 (100.00)	0 (0.00)	0 (0.00)

Cefepima	8 (29.63)	17 (62.96)	2 (7.41)
Cefpiroma	7 (25.93)	19 (70.37)	1 (3.70)
Ciprofloxacina	4 (14.81)	23 (85.19)	0 (0.00)
Claritromicina	6 (22.22)	21 (77.78)	0 (0.00)
Meropenem	2 (7.41)	24 (88.89)	1 (3.70)
Gentamicina	6 (22.22)	20 (74.07)	1 (3.70)
Amicacina	0 (0.00)	27 (100.00)	0 (0.00)
Doxiciclina	0 (0.00)	22 (81.48)	5 (18.52)
Trimetoprim+Sulfametoxazol	12 (44.44)	13 (48.15)	2 (7.41)
Vancomicina	0 (0.00)	22 (81.48)	5 (18.52)
Linezolida	7 (25.93)	20 (74.07)	0 (0.00)
Ácido fusídico	6 (22.22)	21 (77.78)	0 (0.00)
Rifampicina	6 (22.22)	20 (74.07)	1(3.70)
Cloranfenicol	7 (25.93)	19 (70.37)	1 (3.70)

CIM dos isolados KE

Foi registada uma boa atividade da ciprofloxacina contra os isolados de *S. aureus*. Surpreendentemente, a A MIC90 para linozelídeos foi considerada elevada nos isolados recolhidos das amostras ambientais.

Tabela 3.19: Valores MIC50 e MIC90 de antibióticos contra *S. aureus*, MRSA e MSSA de isolados de KE µg/ml

Agentes antimicrobianos	***S. aureus***		**MRSA**		**MSSA**	
	MIC50	MIC90	MIC50	MIC90	MIC50	MIC90
Cefoxitina	64	256	128	256	1	2
Cefadrina	64	256	128	256	2	4
Ciprofloxacina	1	64	16	64	1	4
Eritromicina	0.5	128	32	128	0.5	64
Vancomicina	2	4	2	2	1	4
Linezolida	2	32	2	4	4	16
Ácido fusídico	1	8	1	8	1	4

3.10 Distribuição de vários genes em *S. aureus* de isolados de KE

Dos 64 isolados *de S aureus*, 37 (57,81%) foram positivos para o gene meca. O gene *Pvl* foi detectado em 17 (26,56%) isolados, com uma distribuição de 9 (33,33%) em MSSA e 8 (21,62%) em MRSA. O gene *sea* estava presente em 36 (56,25%) amostras de *S. aureus*, 22 (59,45%) em MRSA e 14 (51,85%) em MSSA. O gene *Seb* foi detectado em 28 (43,75%), sendo 44,44% em MSSA e 43,24% em MRSA. *Sec* foi encontrado em apenas 8 (12,5%) isolados. O gene *Sed* não estava presente em nenhuma amostra ambiental. A presença do gene ermc foi detectada em 18 (28,12%) isolados de *S. aureus* **(Tabela 3.20, 3.21, 3.22)**.

Tabela 3.20: Distribuição de vários genes em *S. aureus* de isolados KE (n=64)

Genes	Estirpes positivas para genes n (%)	Estirpes negativas para genes n (%)
mec A	37 (57.81)	27 (42.19)
nuc	64 (100.00)	0 (0.00)
pvl	17 (26.56)	47 (73.44)
erm A	11 (17.19)	53 (82.82)
erm B	11 (17.19)	53 (82.81)
erm C	18 (28.12)	46 (71.87)
mar	36 (56.25)	28 (43.75)
seb	28 (43.75)	36 (56.25)
sec	8 (12.50)	56 (87.50)
sed	0 (0.00)	64 (100.00)
tst	3 (4.6875)	61 (95.31)

Tabela 3.21: Distribuição de vários genes em MRSA de isolados de KE (n=37)

Genes	Estirpes positivas para genes n (%)	Estirpes negativas para genes n (%)
mecA	37 (100.00)	0 (0.00)
nuc	37 (100.00)	0 (0.00)
pvl	8 (21.62)	29 (78.38)
erm A	7 (18.92)	30 (81.08)
erm B	8 (21.62)	29 (78.38)
erm C	10 (27.03)	27 (72.97)
mar	22 (59.46)	15 (40.54)
seb	16 (43.24)	21 (56.76)
sec	6 (16.22)	31 (83.78)
sed	0 (0.00)	37 (100.00)
tst	0 (0.00)	37 (100.00)

Tabela 3.22: Distribuição de vários genes em MSSA de isolados de KE (n=27)

Genes	Estirpes positivas para genes n (%)	Estirpes negativas para genes n (%)
mecA	0 (0.00)	27 (100.00)
nuc	27 (100.00)	0 (0.00)
pvl	9 (33.33)	18 (66.67)
erm A	4 (14.81)	23 (85.18)
erm B	3 (11.11)	24 (88.89)
erm C	8 (29.63)	19 (70.37)
mar	14 (51.85)	13 (48.15)
seb	12 (44.44)	15 (55.55)

sec	2 (7.40)	25 (92.59)
sed	0 (0.00)	27 (100.00)
tst	3 (11.11)	24 (88.89)

mecA: gene localizado no cromossoma de cassete estafilocócico *mec* para a confirmação de MRSA; *nuc*: gene da termonuclease em *S. aureus*, *pvl*:Panton Valentine Leukocidin; *erm*: eritromicina metilase ribossómica, incluindo *ermA*, *ermB* e *ermC*; Se: Enterotoxinas estafilocócicas, incluindo *sea*, *seb*, *sec*, sed e tst: Toxina do síndroma do choque tóxico.

3.11 Isolados de *S. aureus* recolhidos das notas de moeda (CRN)

As amostras recolhidas das notas de moeda foram processadas para determinar a sensibilidade da cultura. 9 do total de 18 isolados eram MRSA. Todos os isolados eram susceptíveis à vancomicina, enquanto 94,44% eram susceptíveis tanto à linezolida como ao ácido fusídico. A doxiciclina e o cloranfenicol foram igualmente eficazes na inibição de 88,89% dos isolados de *S. aureus*. A RD inibiu 83,33% dos isolados, a amicacina 72,22%, o meropenem 66,67%, a FEP 61,11%, a CPO 55,56% e a claritromicina inibiu 50% dos isolados. Os outros antibióticos tiveram actividades inferiores a 50%.

Tabela 3.23: Dados de suscetibilidade de *5. aureus* em isolados de CRN (n=18)

Agente antimicrobiano	Resistência n (%)	Suscetibilidade n (%)	Intermédio n (%)
Cefoxitina	9 (50.00)	9 (50.00)	0 (0.00)
Amoxicilina + ácido clualínico	9 (50.00)	8 (44.44)	1 (5.56)
Ampicilina	18 (100.00)	0 (0.00)	0 (0.00)
Cefadrina	9 (50.00)	8 (44.44)	1 (5.56)
Cefaclor	12 (66.67)	5 (27.78)	1 (5.56)
Ceftazdime	15 (83.33)	1 (5.56)	2 (11.11)
Cefixima	15 (83.33)	2 (11.11)	1 (5.56)
Cefepima	6 (33.33)	11 (61.11)	1 (5.56)
Cefpiroma	7 (38.89)	10 (55.56)	1 (5.56)
Ciprofloxacina	9 (50.00)	7 (38.89)	2 (11.11)
Claritromicina	8 (44.44)	9 (50.00)	1 (5.56)
Meropenem	5 (27.78)	12 (66.67)	1 (5.56)
Gentamicina	7 (38.89)	9 (50.00)	2 (11.11)
Amicacina	3 (16.67)	13 (72.22)	2 (11.11)
Doxiciclina	1 (5.56)	16 (88.89)	1 (5.56)
Trimetoprim+Sulfametoxazol	9 (50.00)	8 (44.44)	1 (5.56)
Vancomicina	0 (0.00)	18 (100.00)	0 (0.00)
Linezolida	1 (5.56)	17 (94.44)	0 (0.00)
Ácido fusídico	1 (5.56)	17 (94.44)	0 (0.00)

Rifampicina	2 (11.11)	15 (83.33)	1 (5.56)
Cloranfenicol	0 (0.00)	16 (88.89)	2 (11.11)

Nove MRSA foram obtidos a partir de notas de moeda. Todos estes isolados eram susceptíveis à vancomicina, à linezolida e ao ácido fusídico. Oito isolados (88,89%) eram susceptíveis ao cloranfenicol, 77,78% à doxiciclina, 66,67% à RD, 55,56% à amicacina e 33,33% à FEP, à claritromicina e ao meropenem.

Tabela 3.24: Dados de suscetibilidade de MRSA em isolados de CRN (n=9)

Agente antimicrobiano	**Resistência n (%)**	**Suscetibilidade n (%)**	**Intermédio n (%)**
Cefoxitina	9 (100.00)	0 (0.00)	0 (0.00)
Amoxicilina + ácido clualínico	9 (100.00)	0 (0.00)	0 (0.00)
Ampicilina	9 (100.00)	0 (0.00)	0 (0.00)
Cefradrina	7 (77.78)	1 (11.11)	1 (11.11)
Cefaclor	9 (100.00)	0 (0.00)	0 (0.00)
Ceftazdime	9 (100.00)	0 (0.00)	0 (0.00)
Cefixima	9 (100.00)	0 (0.00)	0 (0.00)
Cefepima	6 (66.67)	3 (33.33)	0 (0.00)
Cefpiroma	7 (77.78)	1 (11.11)	1 (11.11)
Ciprofloxacina	8 (88.89)	0 (0.00)	1 (11.11)
Claritromicina	5 (55.56)	3 (33.33)	1 (11.11)
Meropenem	5 (55.56)	3 (33.33)	1 (11.11)
Gentamicina	5 (55.56)	2 (22.22)	2 (22.22)
Amicacina	2 (22.22)	5 (55.56)	2 (22.22)
Doxiciclina	1 (11.11)	7 (77.78)	1 (11.11)
Trimetoprim+Sulfametoxazol	6 (66.67)	2 (22.22)	1 (11.11)
Vancomicina	0 (0.00)	9 (100.00)	0 (0.00)
Linezolida	0 (0.00)	9 (100.00)	0 (0.00)
Ácido fusídico	0 (0.00)	9 (100.00)	0 (0.00)
Rifampicina	2 (22.22)	6 (66.67)	1 (11.11)
Cloranfenicol	0 (0.00)	8 (88.89)	1 (11.11)

Todos os 9 isolados de MSSA obtidos a partir de notas de moeda eram susceptíveis à cefoxitina, CPO, meropenem, doxiciclina, vancomicina e RD. A AMC, a FEP, a amicacina, a linezolida, o ácido fusídico e o cloranfenicol também mostraram boas actividades, inibindo 88,89% dos isolados cada. Seguiram-se a cefradina, a ciprofloxacina e a gentamicina, cada uma inibindo 77,78% dos isolados, seguidas da ciprofloxacina e do SXT, com actividades de 77,78%.

Tabela 3.25: Dados de suscetibilidade de MSSA em isolados de CRN (n=9)

Agente antimicrobiano	**Resistência n (%)**	**Suscetibilidade n (%)**	**Intermédio n (%)**
Cefoxitina	0 (O.OO)	9 (100.00)	O (O.OO)
Amoxicilina + ácido clualínico	0 (O.OO)	8 (88.89)	1 (11.11)

Ampicilina	9 (100.00)	O (O.OO)	O (O.OO)
Cefradrina	2 (22.22)	7 (77.78)	O (O.OO)
Cefaclor	3 (33.33)	5 (55.56)	1 (11.11)
Ceftazdime	6 (66.67)	1 (11.11)	2 (22.22)
Cefixima	6 (66.67)	2 (22.22)	1 (11.11)
Cefepima	O (O.OO)	8 (88.89)	1 (11.11)
Cefpiroma	O (O.OO)	9 (100.00)	O (O.OO)
Ciprofloxacina	1 (11.11)	7 (77.78)	1 (11.11)
Claritromicina	3 (33.33)	6 (66.67)	O (O.OO)
Meropenem	O (O.OO)	9 (100.00)	O (O.OO)
Gentamicina	2 (22.22)	7 (77.78)	O (O.OO)
Amicacina	1 (11.11)	8 (88.89)	O (O.OO)
Doxiciclina	O (O.OO)	9 (100.00)	O (O.OO)
Trimetoprim+Sulfametoxazol	3 (33.33)	6 (66.67)	O (O.OO)
Vancomicina	O (O.OO)	9 (100.00)	O (O.OO)
Linezolida	1 (11.11)	8 (88.89)	O (O.OO)
Ácido fusídico	1 (11.11)	8 (88.89)	O (O.OO)
Rifampicina	O (O.OO)	9 (100.00)	O (O.OO)
Cloranfenicol	O (O.OO)	8 (88.89)	1 (11.11)

3.12 CIM de *S.aureus* isolado de notas de moeda (CRN)

O MIC90 da cefoxitina (256μg/ml) é um valor muito mais elevado para o *S. aureus* isolado de notas de moeda. Embora os agentes anti-estafilocócicos tenham demonstrado uma boa atividade, uma vez que os valores MIC50 e MIC 90 são baixos para estas estirpes.

Tabela 3.26: Valores MIC50 e MIC90 de antibióticos contra *S. aureus* (n=18), MRSA (n=9) e MSSA (n=9) de isolados de CRN em μg/ml

Agentes antimicrobianos	***S. aureus***		**MRSA**		**MSSA**	
	MIC50	MIC90	MIC50	MIC90	MIC50	MIC90
Cefoxitina	4	256	128	256	2	2
Cefadrina	64	256	128	256	2	64
Ciprofloxacina	4	128	64	128	1	1
Eritromicina	1	64	16	64	0.5	64
Vancomicina	1	2	1	2	1	2
Linezolida	2	4	2	2	2	4
Ácido fusídico	0.5	1	0.5	1	0.5	1

3.13 Distribuição de vários genes em *S.* aureus de amostras isoladas do CRN

Os isolados recolhidos das notas de moeda também foram analisados para detetar a presença dos genes acima mencionados. Surpreendentemente, 9 do total de 18 isolados foram considerados *mecA* positivos. Nestes isolados, 12 (66,66%) eram positivos *para pvl*, enquanto 6 (33,33%) eram positivos para *sea*. Não foram detectados genes *sed* e *tsst* nestes isolados. Os genes de resistência à eritromicina, ou seja, *ermA* (38,88%) e *ermC* (33,33%), também foram genes altamente predominantes nestes isolados.

Comparativamente, os isolados de MRSA apresentavam mais genes *ermA* (66,66%) do que (11,11%) nos isolados de MSSA **(Tabela 3.27, 3.28, 3.29).**

Tabela 3.27: Distribuição de vários genes em *S. aureus* de isolados de CRN (n=18)

Genes	Estirpes positivas para genes n (%)	Estirpes negativas para genes n (%)
mec A	9 (50.00)	9 (50.00)
Nuc	18 (100.00)	0 (0.00)
Pvl	12 (66.67)	6 (33.33)
erm A	7 (38.89)	11 (61.11)
erm B	2 (11.11)	16 (88.89)
erm C	6 (33.33)	12 (66.67)
Mar	6 (33.33)	12 (66.67)
Seb	3 (16.67)	15 (83.33)
Sec	1 (5.55)	17 (94.44)
Sed	0 (0.00)	18 (100.00)
Tst	0 (0.00)	18 (100.00)

Tabela 3.28: Distribuição de vários genes em MRSA de isolados de CRN (n=9)

Genes	Estirpes positivas para genes n (%)	Estirpes negativas para genes n (%)
mec A	9 (100.00)	0 (0.00)
nuc	9 (100.00)	0 (0.00)
pvl	4 (44.44)	5 (55.55)
erm A	6 (66.67)	3 (33.33)
erm B	0 (0.00)	9 (100.00)
erm C	2 (22.22)	7 (77.78)
mar	4 (44.44)	5 (55.55)
seb	2 (22.22)	7 (77.78)
sec	1 (11.11)	8 (88.89)
sed	0 (0.00)	9 (100.00)
tst	0 (0.00)	9 (100.00)

Tabela 3.29: Distribuição de vários genes em MRSA de isolados de CRN (n=9)

Genes	Estirpes positivas para genes n (%)	Estirpes negativas para genes n (%)
mec A	0 (0.00)	9 (100.00)
nuc	9 (100.00)	0 (0.00)

pvl	8 (88.89)	1 (11.11)
erm A	1 (11.11)	8 (88.89)
erm B	2 (22.22)	7 (77.78)
erm C	4 (44.44)	5 (55.55)
mar	2 (22.22)	7 (77.79)
seb	1 (11.11)	8 (88.89)
sec	0 (0.00)	9 (100.00)
sed	0 (0.00)	9 (100)
tst	0 (0.00)	9 (100)

mecA: gene localizado no cromossoma de cassete estafilocócico *mec* para a confirmação de MRSA; *nuc*: gene da termonuclease em *S'. aureus*, *pvl*:Panton Valentine Leukocidin; *erm* : eritromicina metilase ribossómica incluindo *ermA*, *ermB* e *ermC*; Se: Enterotoxinas estafilocócicas, incluindo *sea*, *seb*, *sec*, sed e tst: Toxina do síndroma do choque tóxico.

3.14 Amostras colhidas no Hayat Abad Medical Complex (HMC)

Um total de 92 isolados *de S. aureus* foram obtidos a partir de várias amostras clínicas no Hayatabad Medical Complex (HMC). A linezolida mostrou uma boa atividade, inibindo 92,39% dos isolados. Um total de 88,04% dos isolados eram susceptíveis à vancomicina, 85,87% à RD, 81,52% ao cloranfenicol, 80,43% ao ácido fusídico, 72,83% ao meropenem, 66,3% à amicacina e à doxiciclina cada, 48,91% à gentamicina e 42,39% à SXT. Outros antibióticos foram menos potentes, apresentando actividades inferiores a 40% (**Quadro 3.30**). Nenhum isolado era sensível ou resistente a todos os antibióticos utilizados. Apenas um isolado era resistente a todos os antibióticos, exceto ao meropenem e à vancomicina, e um isolado era sensível a todos os isolados, exceto ao AMC e à ceftazidima. Os isolados resistentes aos beta-lactâmicos eram geralmente co-resistentes à ciprofloxacina (96,87%), à claritromicina (78,12%) e à gentamicina (71,87%). Os isolados resistentes à ciprofloxacina eram maioritariamente co-resistentes à gentamicina e à SXT (80%). Todos os 11 isolados intermédios resistentes à vancomicina eram sensíveis à linezolida, enquanto 9 (81,81%) destes eram sensíveis à RD e ao cloranfenicol. Os 7 isolados resistentes à linezolida eram todos sensíveis à vancomicina e 6 (85,71%) eram sensíveis tanto ao ácido fusídico como ao cloranfenicol. Os isolados resistentes ao ácido fusídico eram maioritariamente sensíveis à linezolida (94,44%).

Tabela 3.30: Dados de suscetibilidade de *S. aureus* em isolados de HMC (n=92)

Agente antimicrobiano	Resistência n (%)	Suscetibilidade n (%)	Intermédio n (%)
Cefoxitina	60 (65.22)	32 (34.78)	0 (0.00)
Amoxicilina + ácido clualínico	61 (66.30)	26 (28.26)	5 (5.43)
Ampicilina	90 (97.83)	2(2.17)	0 (0.00)
Cefradrina	59 (64.13)	26 (28.26)	7 (7.61)
Cefaclor	54 (58.70)	26 (28.26)	12 (13.04)
Ceftazdime	86 (93.48)	2(2.17)	4 (4.35)
Cefixima	88 (95.65)	1 (1.09)	3 (3.26)
Cefepima	50 (54.35)	31 (33.70)	11 (11.96)
Cefpiroma	53 (57.61)	35 (38.04)	4 (4.35)
Ciprofloxacina	50 (54.35)	33 (35.87)	9 (9.78)
Claritromicina	48 (52.17)	27 (29.35)	17 (18.48)
Meropenem	19(20.65)	67 (72.83)	6 (6.52)
Gentamicina	39 (42.39)	45 (48.91)	8 (8.70)

Amicacina	14 (15.22)	61 (66.30)	17 (18.48)
Doxiciclina	15 (16.30)	61 (66.30)	16 (17.39)
Trimetoprim+Sulfametoxazol	49 (53.26)	39 (42.39)	4 (4.35)
Vancomicina	0 (0.00)	85 (92.39)	7 (7.61)
Linezolida	7 (7.61)	85 (92.39)	0 (0.00)
Ácido fusídico	18 (19.57)	74 (80.43)	0 (0.00)
Rifampicina	13 (14.13)	79 (85.87)	0 (0.00)
Cloranfenicol	12 (13.04)	75 (81.52)	5 (5.43)

Foi recolhido um total de 60 isolados de MRSA das amostras de HMC. A resistência a múltiplos fármacos era comum entre os isolados de MRSA. Juntamente com os antibióticos beta-lactâmicos, estes isolados eram altamente resistentes à ciprofloxacina (CIP), ou seja, 50 (83,33%) e à claritromicina (CLR), ou seja, 39 (65%). Ainda assim, muitas destas estirpes foram consideradas susceptíveis a LZD 53 (88,33 %), VA, 49 (81,67 %), RD 48 (80 %), FD e C 47 (78,33), DO 38 (63,33 %), MEM 35 (58,33 %) e AK 34 (56,67). 23 (38,33 %) isolados de 60 MRSA foram considerados susceptíveis ao medicamento oral de baixo elenco SXT. Os dados de suscetibilidade do MRSA isolado do HMC são apresentados na **tabela 3.31**.

Tabela 3.31: Dados de suscetibilidade de MRSA em isolados de HMC (n=60)

Agente antimicrobiano	Resistência n (%)	Suscetibilidade n (%)	Intermédio n (%)
Cefoxitina	60 (100.00)	O (0.00)	O (0.00)
Amoxicilina + ácido clualínico	52 (86.67)	5 (8.33)	3 (5.OO)
Ampicilina	60 (100.00)	O (0.00)	O (0.00)
Cefradrina	53 (88.33)	2 (3.33)	5 (8.33)
Ccfaclor	49 (81.67)	4 (6.67)	7 (11.67)
Ceftazdime	58 (96.67)	1 (1.67)	1 (1.67)
Cefixima	60 (100.00)	O (0.00)	O (0.00)
Cefepima	43 (71.67)	12 (20.00)	5 (8.33)
Cefpiroma	45 (75.00)	11 (18.33)	4 (6.67)
Ciprofloxacina	5O (83.33)	4 (6.67)	6 (10.00)
Claritromicina	39 (65.00)	7 (11.67)	14 (23.33)
Meropenem	19 (31.67)	35 (58.33)	6 (10.00)
Gentamicina	35 (58.33)	19 (31.67)	6 (10.00)
Amicacina	11 (18.33)	34 (56.67)	15 (25.00)
Doxiciclina	12 (20.00)	38 (63.33)	1O (16.67)
Trimetoprim+Sulfametoxazol	34 (56.67)	23 (38.33)	3 (5.OO)
Vancomicina	O (O.OO)	53 (88.33)	7 (11.67)
Linezolida	7 (11.67)	53 (88.33)	O (0.00)
Ácido fusídico	13 (21.67)	47 (78.33)	O (0.00)
Rifampicina	12 (20.00)	48 (80.00)	O (0.00)
Cloranfenicol	9 (15.00)	47 (78.33)	4 (6.67)

As estirpes de MSSA eram 32 do total de 92 isolados de HMC. Estes isolados revelam um baixo nível de resistência aos antibióticos testados, exceto ao AMP, CAZ e CFM, uma vez que 30 (93,75 %) isolados eram resistentes ao AMP e 28 (87,50 %) isolados eram resistentes ao CAZ e CFM. Verificou-se que estas estirpes tinham uma resistência de 46,88 % à SXT, que é um pouco inferior à resistência ao MRSA do mesmo grupo de amostras, ou seja, 56,67 %.

Tabela 3.32: Dados de suscetibilidade de MSSA em isolados de HMC (n=32)

Agente antimicrobiano	Resistência n (%)	Suscetibilidade n (%)	Intermédio n (%)
Cefoxitina	0 (0.00)	32 (100.00)	0 (0.00)
Amoxicilina + ácido clualínico	9 (28.13)	21 (65.63)	2 (6.25)
Ampicilina	30 (93.75)	2 (6.25)	0 (0.00)
Cefradrina	6 (18.75)	24 (75.00)	2 (6.25)
Cefaclor	5 (15.63)	22 (68.75)	5(15.63)
Ceftazdime	28 (87.50)	1 (3.13)	3 (9.38)
Cefixima	28 (87.50)	1 (3.13)	3 (9.38)
Cefepima	7 (21.88)	19 (59.38)	6 (18.75)
Cefpiroma	8 (25.00)	24 (75.00)	0 (0.00)
Ciprofloxacina	0 (0.00)	29 (90.63)	3 (9.38)
Claritromicina	9 (28.13)	20 (62.50)	3 (9.38)
Meropenem	0 (0.00)	32 (100.00)	0 (0.00)
Gentamicina	4 (12.50)	26 (81.25)	2 (6.25)
Amicacina	3 (9.38)	27 (84.38)	2 (6.25)
Doxiciclina	3 (9.38)	23 (71.88)	6 (18.75)
Trimetoprim+Sulfametoxazol	15 (46.88)	16 (50.00)	1 (3.13)
Vancomicina	0 (0.00)	32 (100.00)	0 (0.00)
Linezolida	0 (0.00)	32 (100.00)	0 (0.00)
Ácido fusídico	5 (15.63)	27 (84.38)	0 (0.00)
Rifampicina	1 (3.13)	31 (96.88)	0 (0.00)
Cloranfenicol	3 (9.38)	28 (87.50)	1 (3.13)

3.15 CIM dos isolados de HMC

Os resultados da CIM dos isolados de HMC são apresentados no **quadro 3.33**

Tabela 3.33: Valores MIC50 e MIC90 de antibióticos contra *S. aurous* (n=93), MRSA (n=60) e MSSA (n=32) de amostras de HMC em ^g/ml.

Antimicrobiano Agente	*X aureus*		MRSA		MSSA	
	MIC50	MIC90	MIC50	MIC90	MIC50	MIC90
Cefoxitina	64	256	128	256	2	4
Cefadrina	64	256	128	256	2	64
Ciprofloxacina	32	128	64	128	0.5	1
Eritromicina	4	128	32	128	0.5	64

Vancomicina	1	2	1	4	0.5	2
Linezolida	2	4	2	4	2	4
Ácido fusídico	1	16	1	32	1	16

3.16 Distribuição de vários genes em *S. aureus* de amostras de HMC

No total dos 92 isolados recolhidos do HMC, 60 (65,21%) foram positivos para o gene *mecA*. Nestes isolados, a prevalência de *pvl*, *seb*, *sea*, *sec* foi de 39,13, 32,60, 31,52 e 11,95 por cento, respetivamente. Numa amostra, foram também detectados os genes *tst*. A prevalência de *ermA* e *ermC* foi de 32,60 e 29,34%, respetivamente, enquanto a prevalência *de ermB* foi menor (17,39%) nos isolados HMC **(Tabela 3.34)**.

A prevalência dos genes acima mencionados nos isolados de MRSA e MSSA das amostras de HMC foi apresentada separadamente. 18 dos 60 isolados de MRSA e 18 dos 32 isolados de MSSA foram positivos para o gene *pvl*. A prevalência dos outros genes tóxicos que foram detectados neste estudo também foi menor no MRSA do que no MSSA nos isolados de HMC. Em MRSA *sea*, *seb* e *sec* foram 30%, 23,33% e 13,33%, respetivamente, enquanto em MSSA foram registados 34,37%, 50% e 9,37%, respetivamente. A prevalência de genes resistentes à eritromicina nos isolados de MRSA foi superior à dos isolados de MSSA **(Tabela 3.35)**. Nos isolados de HMC, 4 de 92 foram simultaneamente positivos para os genes *pvl* e *sea*. Dois isolados de MRSA foram positivos para os genes *pvl*, *seb* e sec, enquanto quatro isolados foram simultaneamente positivos para os genes *pvl* e *seb*. Nos isolados de MSSA, um foi positivo para os genes *pvl*, *seb* e *tsst* em simultâneo. Houve 8 isolados de MSSA positivos para *pvl* e *seb* ao mesmo tempo. Nestes isolados, um isolado também foi positivo para o gene *sea em* simultâneo **(quadro 3.36)**.

Tabela 3.34: Distribuição de vários genes em & *aureus* de isolados HMC (n=92)

Genes	Estirpes positivas para genes n (%)	Estirpes negativas para genes n (%)
mec A	60 (65.22)	32 (34.78)
nuc	92 (100.00)	0 (0.00)
pvl	36 (39.13)	56 (60.87)
erm A	30 (32.61)	62 (67.39)
erm B	16 (17.39)	76 (82.61)
erm C	27 (29.35)	65 (70.65)
mar	29 (31.52)	63 (68.48)
seb	30 (32.61)	62 (67.39)
sec	11 (11.96)	81 (88.04)
sed	0 (0.00)	92 (100.00)
tst	1 (1.08)	91 (98.91)

Tabela 3.35: Distribuição de genes em MRSA de isolados de HMC (n=60)

Genes	Estirpes positivas para genes n (%)	Estirpes negativas para genes n (%)
mec A	60 (100.00)	0 (0.00)
nuc	60 (100.00)	0 (0.00)
pvl	18 (30.00)	42 (70.00)
erm A	22 (36.66)	38 (63.33)
erm B	9 (15.00)	51 (85.00)
erm C	16 (26.66)	44 (73.33)
mar	18 (30.00)	42 (70.00)

seb	14 (23.33)	46 (76.66)
sec	8 (13.33)	52 (86.66)
sed	0 (0.00)	60 (100.00)
tst	0 (0.00)	60 (100.00)

Tabela 3.36: Distribuição de genes em MSSA de isolados de HMC (n=32)

Genes	Estirpes positivas para genes n (%)	Estirpes negativas para genes n (%)
mec A	32 (100.00)	0 (0.00)
nuc	0 (0.00)	32 (100.00)
pvl	18 (56.25)	14 (43.75)
erm A	8 (25.00)	24 (75.00)
erm B	7 (21.87)	25 (78.12)
erm C	11 (34.37)	21 (65.62)
mar	11 (34.37)	21 (65.62)
seb	16 (50.00)	16 (50.00)
sec	3 (9.37)	29 (90.62)
sed	0 (0.00)	32 (100)
tst	1 (3.125)	31 (96.87)

mecA: gene localizado no cromossoma de cassete estafilocócico *mec* para a confirmação de MRSA; *nuc*: gene da termonuclease em *S'. aureus*, *pvl*:Panton Valentine Leukocidin; *erm*: eritromicina metilase ribossómica, incluindo *ermA*, *ermB* e *ermC*; Se: Enterotoxinas estafilocócicas, incluindo *sea*, *seb*, *sec*, sed e tst: Toxina da síndrome do choque tóxico.

3.17 Padrão de resistência antimicrobiana dos isolados de *S. aureus* das amostras da KBRN

Foi recolhido um total de 89 *S. aureus* da ala de queimados do KTH. Entre estes isolados, 97,75% eram susceptíveis à Vancomicina, 92,13% à RD, 91,01% à doxiciclina, 89,89% ao ácido fusídico e 78,65% à linezolida. A ampicilina e a FEP tiveram actividades muito fracas, inibindo apenas 4,49% dos isolados.

Tabela 3.37: Dados de suscetibilidade de *S. aureus* em isolados da KBRN (n=89)

Agente antimicrobiano	Resistência n (%)	Suscetibilidade n (%)	Intermédio n (%)
Cefoxitina	54 (60.67)	35 (39.33)	0 (0.00)
Amoxicilina + ácido clualínico	57 (64.04)	30 (33.71)	2 (2.25)
Ampicilina	85 (95.51)	4 (4.49)	0 (0.00)
Cefadrina	55 (61.8)	34 (38.2)	0 (0.00)
Cefaclor	57 (64.04)	23 (25.84)	9 (10.11)
Ceftazdime	79 (88.76)	7 (7.87)	3 (3.37)
Cefixima	82 (92.13)	4 (4.49)	3 (3.37)
Cefepima	59 (66.29)	26 (29.21)	4 (4.49)
Cefpiroma	51 (57.3)	30 (33.71)	8 (8.99)
Ciprofloxacina	49 (55.06)	32 (35.96)	8 (8.99)
Claritromicina	44 (49.44)	34 (38.2)	11(12.36)
Meropenem	47 (52.81)	39 (43.82)	3 (3.37)

Gentamicina	41 (46.07)	47 (52.81)	1 (1.12)
Amicacina	27 (30.34)	48 (53.93)	14 (15.73)
Doxiciclina	8 (8.99)	81 (91.01)	0 (0.00)
Trimetoprim+Sulfametoxazol	63 (70.79)	22 (24.72)	4 (4.49)
Vancomicina	0 (0.00)	70 (78.65)	19 (21.35)
Linezolida	19 (21.35)	70 (78.65)	0 (0.00)
Ácido fusídico	9 (10.11)	80 (89.89)	0 (0.00)
Rifampicina	6 (6.74)	82 (92.13)	1 (1.12)
Cloranfenicol	23 (25.84)	61 (68.54)	5 (5.62)

Entre os 89 *S. aureus*, 54 eram MRSA. Estes isolados eram resistentes. Entre as 54 estirpes recolhidas, nenhuma foi considerada suscetível a todos os antibióticos utilizados. As estirpes de MRSA foram consideradas 100% resistentes à ampicilina, à cefoxitina (quadro 2) e à cefradina (CIM 50=128µg/ml; quadro 3), seguidas de ceftazidima, cefaclor e cefexime (94%) e
Cefepime, Cefpirome e Amoxicilina + Ácido clavulânico (85%), enquanto a resistência ao Meropenem foi registada em 50%.
Entre os aminoglicosídeos, a amicacina foi muito eficaz, com 37% de isolados sensíveis, seguida da gentamicina, com 30% de atividade.
A Rifampicina apresentou uma atividade notável, sendo 94% das estirpes susceptíveis a ela. Foram observadas actividades decentes para a doxiciclina (74%) e o cloranfenicol (56%). Entre os macrólidos, a claritromicina apresentou uma atividade de 41%, o trimetoprim+sulfametoxazol apresentou uma atividade de 19% e a ciprofloxacina apresentou uma atividade de 17% (a ciprofloxacina tem uma CIM 50=32 µg/ml testada no método de microdiluição em caldo).
Entre os agentes antiestafilocócicos específicos incluídos no estudo contra MRSA, testados pela técnica de microdiluição em caldo, 17% do total de isolados exibiram resistência à Linezolida e ao ácido fusídico. A resistência intermédia à vancomicina foi registada em 28% das estirpes com CIM entre 4-8µg/ml **(Tabela 3.38 e 3.40)**.

Tabela 3.38: Dados de suscetibilidade de MRSA em isolados KBRN (n=54)

Agente antimicrobiano	**Resistência n (%)**	**Suscetibilidade n (%)**	**Intermédio n (%)**
Cefoxitina	54 (100)	0 (0.00)	0 (0.00)
Amoxicilina + ácido clualínico	46 (85)	7 (13)	1 (2)
Ampicilina	54 (100)	0 (0)	0 (0)
Cefradrina	53 (98)	0 (0)	1 (2)
Cefaclor	51 (94)	1 (2)	2 (4)
Ceftazdime	51 (94)	2 (4)	1 (2)
Cefixima	51 (94)	3 (6)	0 (0)
Cefepima	46 (85)	4 (7)	4 (7)
Cefpiroma	46 (85)	3 (6)	5 (9)
Ciprofloxacina	44 (81)	3 (6)	7 (13)
Claritromicina	24 (44)	22 (41)	8 (15)
Meropenem	27 (50)	22 (41)	5 (9)
Gentamicina	37 (69)	16 (30)	1 (2)
Amicacina	25 (46)	20 (37)	9 (17)

Doxiciclina	6 (11)	40 (74)	8 (15)
Trimetoprim+Sulfametoxazol	41 (76)	10 (19)	3 (6)
Vancomicina	0 (0)	38 (70.37)	16 (29.63)
Linezolida	9 (17)	45 (83)	0 (0)
Ácido fusídico	7 (13)	47 (87)	0 (0)
Rifampicina	3 (6)	51 (94)	0 (0)
Cloranfenicol	21 (39)	30 (56)	3 (6)

Trinta e cinco estirpes de MSSA foram recuperadas de doentes da unidade de queimados. Todos estes MSSA eram susceptíveis à cefoxitina e à vancomicina. A doxiciclina, a cefradina, a gentamicina e o cloranfenicol foram também antibióticos muito potentes e inibiram mais de 90% dos isolados de MSSA. Um total de 88,57% dos isolados eram susceptíveis à RD, 82,86% à amicacina e 80% ao meropenem. Foi registada uma resistência proeminente à ampicilina e ao CFM, com apenas 11,43% de atividade cada.

Tabela 3.39: Dados de suscetibilidade de MSSA em isolados da KBRN (n=35)

Agente antimicrobiano (símbolo)	**Resistência n (%)**	**Suscetibilidade n (%)**	**Intermédio n (%)**
Cefoxitina	0 (0.00)	35 (100.00)	0 (0.00)
Amoxicilina + ácido clualínico	6 (17.14)	27 (77.14)	2 (5.71)
Ampicilina	31 (88.57)	4 (11.43)	0 (0.00)
Cefradrina	2 (5.71)	33 (94.29)	0 (0.00)
Cefaclor	6 (17.14)	22 (62.86)	7 (20.00)
Ceftazdime	27 (77.14)	6 (17.14)	2 (5.71)
Cefixima	29 (82.86)	4 (11.43)	2 (5.71)
Cefepima	10 (28.57)	22 (62.86)	3 (8.57)
Cefpiroma	4 (11.43)	27 (77.14)	4 (11.43)
Ciprofloxacina	5 (14.29)	25 (71.43)	5 (14.29)
Claritromicina	8 (22.86)	25 (71.43)	2 (5.71)
Meropenem	6 (17.14)	28 (80.00)	1 (2.86)
Gentamicina	3 (8.57)	32 (91.43)	0 (0.00)
Amicacina	2 (5.71)	29 (82.86)	4 (11.43)
Doxiciclina	1 (2.86)	34 (97.14)	0 (0.00)
Trimetoprim+Sulfametoxazol	23 (65.71)	10 (28.57)	2 (5.71)
Vancomicina	0 (0.00)	32 (91.42)	3 (8.57)
Linezolida	10 (28.57)	25 (71.43	0 (0.00)
Ácido fusídico	2 (5.71)	33 (94.29)	0 (0.00)

Rifampicina	3 (8.57)	31 (88.57)	1 (2.86)
Cloranfenicol	1 (2.86)	32 (91.43)	2 (5.71)

3.18 CIM dos isolados KBRN

Os valores MIC50 e MIC90 dos antibióticos contra *S. aureus* (n=93), MRSA (n=60) e Os MSSA (n=32) das amostras KBRN são apresentados no quadro 3.40

Tabela 3.40: Valores MIC50 e MIC90 de antibióticos contra *S. aureus* (n=93), MRSA (n=60) e

Antimicrobiano Agentes	*X aureus*		MRSA		MSSA	
	MIC50	MIC90	MIC50	MIC90	MIC50	MIC90
Cefoxitina	64	256	128	>256	2	4
Cefadrina	64	256	128	>256	2	8
Ciprofloxacina	16	128	32	128	0.5	4
Eritromicina	8	128	32	128	1	64
Vancomicina	2	4	2	4	1	2
Linezolida	2	8	4	8	2	8
Ácido fusídico	0.5	4	1	4	0.5	2

3.20 Distribuição de vários genes em isolados de S. aureus de amostras KBRN

O gene específico para MRSA, *mecA*, foi detectado para confirmação. O gene *nuc* também foi detectado. Dos 89 isolados *de S. aureus*, 54 foram positivos para a presença de *mecA*, enquanto todos continham o gene nuc. Estas amostras também foram analisadas quanto à presença de vários genes de toxinas, como *pvl*, *sea*, *seb*, *sec*, *sed* e *tsst*. A prevalência do gene *seb* foi elevada, ou seja, 34 (38,20%), seguida de *pvl* 23 (25,84), sea (17,97%) e *sec* 9 (10,11%). Nenhum isolado continha *sed* e *tsst*. *Seb* foi encontrado em 23 (42,59%) e *sea* em 10 (18,52) MRSA. Dez MRSA foram positivos para sea e cinco para *sec*. Entre os genes de toxinas, *o pvl* foi o mais prevalente no MSSA. Foi encontrado em 16 (45,71%) dos isolados de MSSA. *O Seb* foi detectado em 11 (31,42%), *o sea* em 6 (17,14%) e o *sec* em 4 (11,42%) dos MSSA. A prevalência de *pvl* foi encontrada mais no MSSA do que no MRSA.

Três genes mediadores da resistência à eritromicina, ou seja, *ermA*, *ermB* e *ermC*, foram detectados por PCR. *O ErmC* estava presente em 19 (21,34%) dos *S. aureus*, 11 (20,37%) nos MRSA e 8 (22,85%) nos MSSA. 12 (13,48%) dos *S. aureus* continham *ermA*, 6 (11,11%) em MRSA e 6 (17,14%) em MSSA. *ErmB* foi baixo nos isolados (4), todos em isolados de MSSA.

Dois isolados de MRSA foram simultaneamente positivos para *pvl*, *sea* e *sec*. Do mesmo modo, três isolados de MSSA foram positivos simultaneamente para *pvl*, *sea* e *seb* (**Quadro 3.41, Quadro 3.42** e **Quadro 3.43**).

Tabela 3.41: Distribuição de vários genes em *S. aureus* de isolados KBRN (n=89)

Genes	Estirpes positivas para genes n (%)	Estirpes negativas para genes n (%)
mecA	54 (60.67)	35 (39.32)
Nuc	89 (100.00)	0 (0.00)
Pvl	23 (25.84)	66 (74.16)

erm A	12 (13.48)	77 (86.51)
erm B	4 (4.49)	85 (95.50)
erm C	19 (21.34)	70 (78.65)
Mar	16 (17.97)	73 (82.02)
Seb	34 (38.20)	55 (61.79)
Sec	9 (10.11)	80 (89.88)
Sed	0 (0.00)	89 (100.00)
Tst	0 (0.00)	89 (100.00)

Tabela 3.42: Distribuição de vários genes em MRSA de isolados KBRN (n=54)

Genes	Estirpes positivas para genes n (%)	Estirpes negativas para genes n (%)
mecA	54 (100.00)	0 (0.00)
nuc	54 (100.00)	0 (0.00)
Pvl	7 (12.96)	47 (87.04)
erm A	6 (11.11)	48 (88.88)
erm B	0 (0.00)	54 (100.00)
erm C	11 (20.37)	43 (79.62)
mar	10 (18.51)	44 (81.48)
seb	23 (42.59)	31 (57.40)
sec	5 (9.25)	49 (90.74)
sed	0 (0.00)	54 (100.00)
tst	0 (0.00)	54 (100.00)

Tabela 3.43: Distribuição de vários genes em MSSA de isolados da KBRN (n=35)

Genes	Estirpes positivas para genes n (%)	Estirpes negativas para genes n (%)
mecA	0 (0.00)	35 (100.00)
nuc	35 (100.00)	0 (0.00)
pvl	16 (45.71)	19 (54.28)
erm A	6 (17.14)	29 (82.85)
erm B	4 (11.42)	31 (88.57)
erm C	8 (22.85)	27 (77.14)
mar	6 (17.14)	29 (82.85)
seb	11 (31.42)	24 (68.57)
sec	4 (11.42)	31 (88.57)
sed	0 (0.00)	35 (100.00)
tst	0 (0.00)	35 (100.00)

mecA: gene localizado no cromossoma de cassete estafilocócico *mec* para a confirmação de MRSA; *nuc*: gene da termonuclease em *S'. aureus*, *pvl*:Panton Valentine Leukocidin; *erm* : eritromicina metilase ribossómica incluindo *ermA*, *ermB* e *ermC*; Se: Enterotoxinas estafilocócicas, incluindo *sea*, *seb*, *sec*, sed e tst: Toxina do síndroma do choque tóxico.

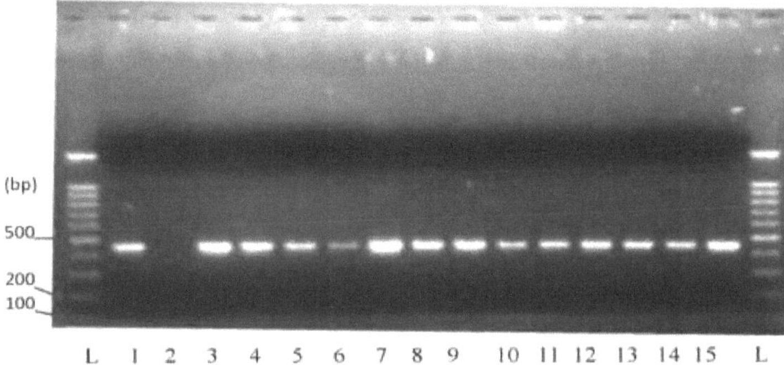

Fig 3.5 Eletroforese em gel do produto de PCR para o gene *mecA* em isolados de *S. aureus* (KBRN); L: escada de 100 pb, pista 1: *S. aureus* ATCC 43300. 2: *S. aureus* ATCC 259234, 3: Isolado designado por KBRN 1, 4: KBRN 2, 5: KBRN 3, 6: KBRN 4, 7: KBRN 5, 8: KBRN 6, 9: KBRN 7, 10: KBRN 8, 11: KBRN 9, 12: KBRN 10, 13: KBRN 11, 14: KBRN 12, 15: KBRN 13.

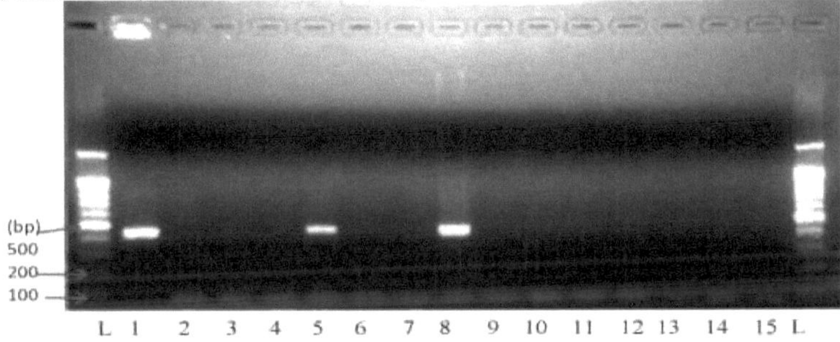

Fig 3.6 Imagem da eletroforese em gel para o gene *pvl* em isolados de *S. aureus* (KBRN); L: escada de 100 pb, 1: *S. aureus ATCC* 49775, 2: controlo negativo (mistura de PCR sem ADN modelo), 3: isolado designado por KBRN 18, 4: KBRN 20, 5: KBRN 21, 6: KBRN 22, 7: KBRN 23, 8: KBRN 24, 9: KBRN 25, 10: KBRN 26, KBRN 27, 12: KBRN 28, 13: KBRN 29, 14: KBRN 31, 15: KBRN 32

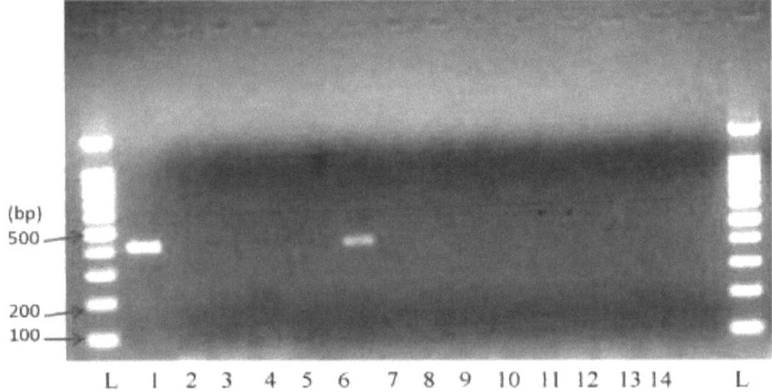

Fig 3.7 Image of the gel electrophoresis for *ermA* gene in *S. aureus* (KBRN) isolates; L: 100 bp ladder, 1: Positive control (known *ermA S. aureus conhecido*), 2: Controlo negativo (mistura de PCR sem ADN modelo), 3: Isolado designado por KBRN 49, 4: KBRN 50, 5: KBRN 51, 6: KBRN 52, 7: KBRN 53, 8: KBRN 54, 9: KBRN 55, 10: KBRN 56, KBRN 57, 12: KBRN 58, 13: KBRN 59, 14: KBRN 60.

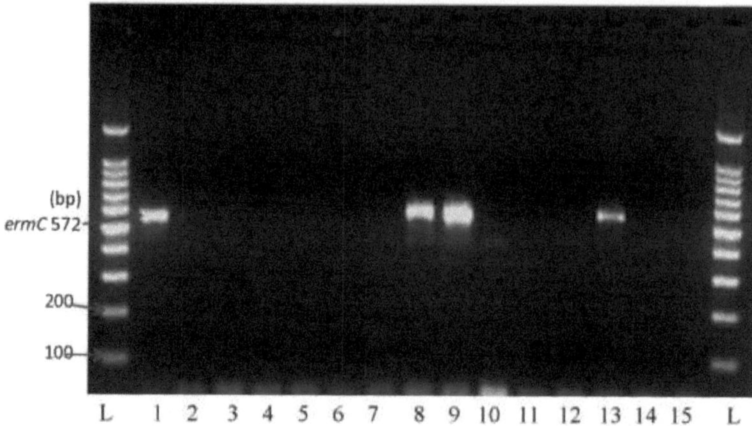

Fig 3.8 Imagem da eletroforese em gel para o gene *ermC* em isolados de *S. aureus* (KBRN);
L: 100 bp ladder, 1: Positive control (known *ermC S. aureus*), 2: Controlo negativo (mistura de PCR sem ADN modelo), 3: Isolado designado por KBRN 46, 4: KBRN 47, 5: KBRN 48, 6: KBRN 49, 7: KBRN 50, 8: KBRN 51, 9: KBRN 52, 10: KBRN 53, 11: KBRN 54, 12: KBRN 55, 13: KBRN 56, 14: KBRN 57, 15: KBRN 58.

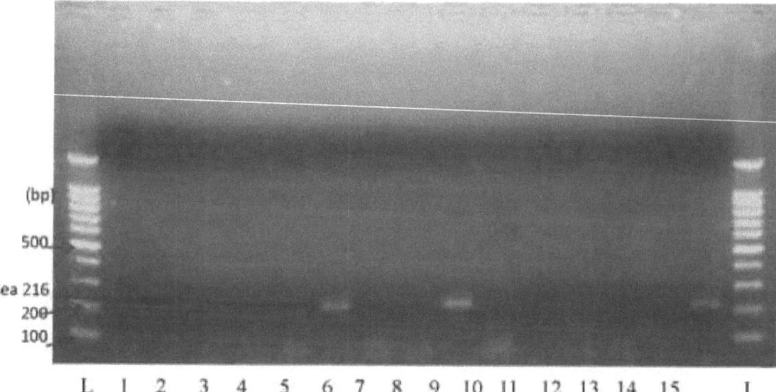

Fig 3.9 Imagem da eletroforese em gel para o gene *sea* em isolados de *S. aureus* (KBRN). L: Escada de 100 pb, 1: Isolado designado por KBRN 25, 2: KBRN 26, 3: KBRN 27, 4: KBRN 28, 5: KBRN 29, 6: KBRN 31, 7: KBRN 32, 8: KBRN 33, 9: KBRN 34, 10: KBRN 35, 11: KBRN 36, 12: KBRN 37, 13: KBRN 38. 14: Controlo negativo (mistura de PCR sem ADN-modelo) e 15: Controlo positivo (*S. aureus marinho* positivo conhecido).

3.20 Resultados da eletroforese em gel de campo pulsado (PFGE) de isolados de MRSA de amostras da KBRN Foi obtida uma imagem policlonal através da técnica de tipagem PFGE à medida que as estirpes de MRSA eram testadas **(Fig. 3.2).** Este estudo identificou 14 grupos (A-N) com 29 pulso-tipos de PFGE diferentes, dos quais 11 tipos de PFGE agruparam dois ou mais isolados. O principal clone encontrado foi C1aaba (agrupou 9 isolados), C1a4b (C1aaaab) agrupou 7, C1b e C2a (Caa) agruparam 3 isolados cada, enquanto os clones C1a5, D, E1aaa, E1aab, G1, H e I1 agruparam 2 isolados cada. O alfabeto semelhante indica que existe uma associação estreita entre os grupos, mas são calculados como tipos de pulso diferentes pelo software BioNumerics Gel Compar II (versão 6.5; Applied Maths).

Todos os MRSA foram considerados multirresistentes (MDR). Os pulso-tipos C1a5, C1a4b, C1a3b, C1aaba e C1aabb agruparam 20 estirpes. Estes grupos têm 94,8 % de semelhanças, como se pode ver no dendrograma (Fig. 3.2). Estas estirpes foram isoladas de doentes internados na unidade de queimados para adultos e de doentes internados na unidade de queimados localizada na ala de cirurgia pediátrica. Foram isolados clones semelhantes de doentes internados em camas diferentes na mesma altura e de doentes internados na mesma cama em alturas diferentes. Um dos exemplos é o pulso-tipo C1aaba. As estirpes (chave: kbrn old 1 e kbrn old 3) agrupadas neste pulso-tipo foram colhidas de doentes admitidos em camas diferentes (b. no PSW/6 e PSW/24), mas as amostras foram colhidas no mesmo dia. Do mesmo modo, os doentes admitidos na mesma cama em alturas diferentes, durante a duração do estudo, adquiriram estirpes de pulso-tipo semelhantes (Chave: kbrn 37 e kbrn kbrn 41). A partir da ala de queimados, isolámos o pulso-tipo C1a3b de um doente em julho de 2011 e o pulso-tipo C1a4b de dois outros doentes em 19 de outubro de 2011 e 22 de novembro de 2011, subsequentemente. Estes dois tipos são 96,8 % semelhantes entre si, o que sugere que os subtipos também evoluíram. Observámos que estas estirpes de surto foram encontradas durante todo o período do estudo, de julho de 2011 a dezembro de 2011. Noutro incidente, três estirpes do mesmo pulso-tipo C2a foram isoladas de três doentes diferentes no mesmo dia. Dois deles estavam internados na ala de queimados (BW) em duas camas adjacentes, enquanto o terceiro doente estava internado na ala de cirurgia pediátrica da unidade de queimados (PSW). O pulso tipo C1b é outro exemplo de estirpes isoladas de doentes admitidos na unidade de queimados em alturas diferentes durante o estudo.

O padrão de suscetibilidade aos antibióticos do mesmo tipo de clones é apresentado no **(Quadro 3.44).** Os resultados mostram que existem algumas semelhanças no padrão de suscetibilidade aos antibióticos das estirpes do mesmo pulso-tipo, embora não seja uniforme para todas as estirpes agrupadas no mesmo pulso-tipo. Os valores da concentração inibitória mínima foram diferentes para algumas estirpes que foram agrupadas no mesmo clone de pulso-tipo.

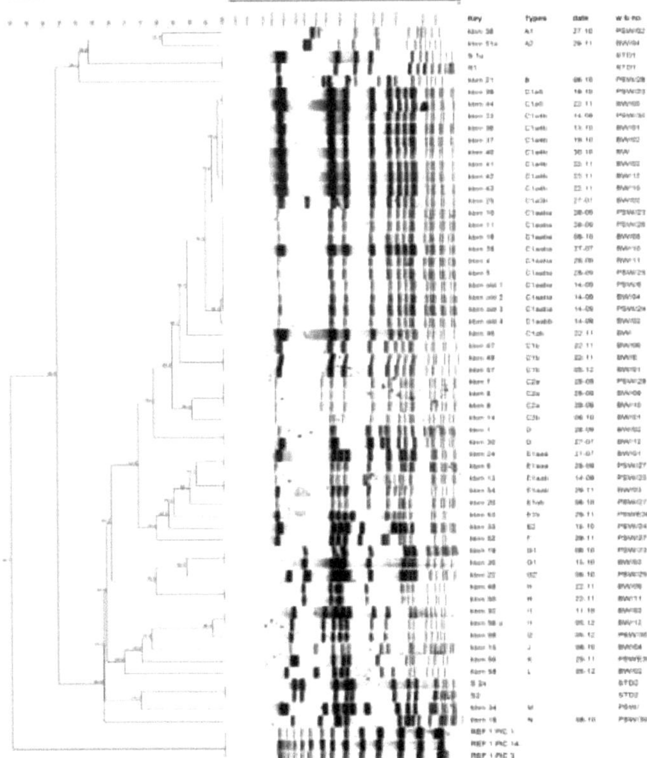

Fig. 3.10: Uma parte do dendrograma que mostra a relação entre os isolados de MRSA. Legenda: Número da estirpe, Tipos: Tipos de PFGE, data (dia-mês-2011) W b no: número da ala e da cama (BW: ala de queimados, PSW: ala de cirurgia pediátrica). S1 e S1a: ATCC 43300, S2 e S2a: ATCC 29213. REF: Foi utilizada a Lambda Ladder 50-1000kb em diferentes géis.

Tabela 3.44: Resistência antimicrobiana de estirpes de tipos PFGE relacionados

Chave da estirpe	Tipo de PFGE	CIM em tig/ml							Difusão de discos														
		FOX	CE	CIP	E	VA	LZD	FD	AMC	AMP	CEC	(AZ	CFM	FEP	CPO	CLR	MEM	CN	AK	DO	SXT	RD	c
Kbrn oldl	Claaba	128	64	64	64	2	2	0.125	R	R	R	R	R	R	R	I	R	R	R	s	R	s	R
Kbrn old2	Claaba	128	128	128	32	1	1	0.125	I	R	R	R	R	R	R	S	R	R	R	s	R	s	R
Kbrn old3	Claaba	128	64	64	32	1	1	0.125	R	R	R	R	R	R	R	S	R	R	R	s	R	s	R
Kbrn004	Claaba	128	64	128	32	2	2	0.25	R	R	R	R	R	R	R	S	R	R	R	s	R	s	R
Kbm005	Claaba	128	128	64	16	2	2	0.25	R	R	R	R	R	R	R	s	s	S	S	s	S	R	I
KbrnOlO	Claaba	128	256	128	32	4	4	0.5	R	R	R	R	R	R	R	S	R	R	R	s	R	s	R
KbrnOll	Claaba	128	128	16	32	0.5	4	0.5	S	R	R	R	R	R	R	S	R	R	S	s	R	s	R
Kbrn016	Claaba	64	64	64	32	4	16	0.25	R	R	R	R	R	R	R	S	R	R	I	s	R	s	R
SKbrnO28	Claaba	256	256	64	2	4	4	2	R	R	R	R	R	R	R	R	R	S	s	s	R	R	S
Kbrn023	Cla4b	64	64	32	2	2	4	1	R	R	S	I	R	S	S	R	S	S	s	I	S	s	S

Kbrn036	Cla4b	>256	>256	32	2	2	4	2	R	R	R	R	R	R	R	s	s	R	I	s	R	s	I
Kbrn037	Cla4b	256	256	16	2	2	4	1	R	R	R	R	R	R	R	I	s	R	R	s	R	s	R
Kbrn040	Cla4b	256	256	16	2	2	8	1	S	R	I	S	R	I	I	s	s	S	s	I	S	s	S
Kbrn041	Cla4b	>256	>256	64	1	2	2	0.25	R	R	R	R	R	R	R	s	s	R	R	s	R	s	R
Kbrn042	Cla4b	256	256	64	1	2	4	0.5	R	R	R	R	R	R	R	s	s	R	R	s	R	s	R
Kbrn043	Cla4b	256	256	32	4	2	8	1	R	R	R	R	R	R	R	s	s	R	R	s	R	s	R
Kbrn007	C2a	128	256	16	16	2	1	2	R	R	R	R	R	R	R	I	R	R	R	R	I	s	R
Kbm008	C2a	>256	>256	32	16	4	2	1	R	R	R	R	R	R	R	R	R	R	R	R	R	s	R
Kbrn009	C2a	>256	>256	32	128	2	2	2	R	R	R	R	R	R	R	R	R	R	R	R	R	s	R
Kbrn047	Clb	128	128	0.5	16	4	4	4	S	R	R	R	R	I	I	R	R	S	S	s	R	s	S
Kbrn049	Clb	>256	>256	2	8	2	4	1	R	R	R	R	R	R	R	R	R	I	S	I	I	s	R
Kbrn057	Clb	256	256	2	8	2	2	0.5	R	R	R	R	I	R	R	R	R	R	s	s	R	s	R

Nota: *As abreviaturas dos antibióticos utilizadas neste quadro são as mesmas dos quadros 2 e 3. R: Resistente, I: Intermédio, S: Suscetível*

No total, foram recolhidos 445 isolados de *S. aurous* neste estudo. O antibiótico mais potente foi a vancomicina, à qual 89,89% dos isolados eram susceptíveis (**Figura 3.11**). A seguir à vancomicina, o ácido fusídico, a rifampicina, a linezolida e o cloranfenicol inibiram 84,94, 83,37, 83,15 e 81,12% dos isolados. Entre os 445 isolados, 73,03% eram susceptíveis à doxiciclina, 62,47% à amicacina e 60% ao meropenem. A gentamicina, a claritromicina e a ciprofloxacina tiveram uma atividade média, ou seja, 53,93, 44,04 e 41,57%, respetivamente. Os restantes antibióticos tiveram actividades inferiores a 40%.

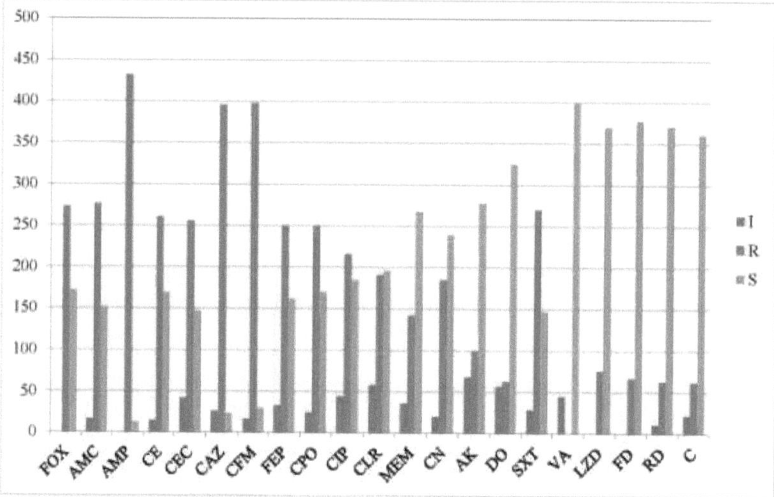

Fig. 3.11: Suscetibilidade a antibióticos das estirpes *de S. aureus* (n=445).

3.21 Discussão

A utilização inadequada de medicamentos antimicrobianos pelos médicos contra as infecções virais e a abordagem incorrecta do diagnóstico de infecções que podem ser causadas por bactérias. A prescrição desnecessária de antibióticos caros e de largo espetro e a falta de interesse que leva à ignorância das recomendações reconhecidas para a utilização da quimioprofilaxia podem causar resistência aos antibióticos. A disponibilidade de antibióticos sem receita médica, que viola claramente os regulamentos em vigor, pode também ser responsável pela utilização inadequada de agentes antimicrobianos no Paquistão. Este fenómeno também acelera a utilização de agentes antimicrobianos nos medicamentos à base de plantas ou "populares", o que também aumenta a utilização inadequada destes medicamentos [226].

A prevalência de *S. aureus* é mais comum no ambiente hospitalar e torna-o um agente patogénico nosocomial proeminente. *O S. aureus* resistente à meticilina (MRSA) causa epidemias nos hospitais, bem como na comunidade [227].

O MRSA pode sobreviver em ambientes secos e pode residir em locais clínicos que são imperfeitamente limpos [176]. Os estudos de muitas epidemias indicaram que o MRSA pode ser facilmente disseminado pelo toque, predominantemente em instalações hospitalares [228; 229]. A disseminação aérea também foi assumida em numerosos casos de transporte nasal de MRSA e as infecções do trato respiratório superior podem levar à disseminação de MRSA [179; 181]. Sabe-se também que o MRSA é disseminado para o ar através do processo de fazer camas [182]. A transmissão aérea de MRSA a partir de doentes positivos através de gotículas respiratórias permite um estudo mais aprofundado, não só para o controlo da infeção nos doentes, mas também para dar pistas sobre a utilização de dispositivos de proteção individual pelo pessoal hospitalar. A existência de mais estirpes resistentes aos medicamentos tornará o tratamento das infecções mais complicado. O desenvolvimento de técnicas sofisticadas de prevenção e tratamento de insectos resistentes a medicamentos permitirá um melhor controlo da sua propagação. Este objetivo pode também ser alcançado através da exploração do seu mecanismo de virulência.

O objetivo deste estudo é descobrir o padrão de suscetibilidade aos antibióticos do *S. aureus* recolhido em Peshawar de doentes com feridas, queimaduras e infecções da pele. *O Staphylococcus aureus* é o principal agente patogénico que causa infecções da corrente sanguínea, pneumonia e infecções da pele e dos tecidos moles [230; 231; 232]. Neste projeto, foram obtidos 445 isolados de *S. aureus*. As feridas pós-operatórias e as infecções por queimaduras produziram a maioria dos isolados. Estes resultados estão de acordo com as

observações de McCaig *et al.* e Ali *et al.* [233; 234].
A Food and Drug Administration (FDA) dos EUA aprovou a vancomicina em 1958 para utilização clínica. É o agente antiestafilocócico mais potente. No nosso estudo, não foi encontrada resistência à vancomicina em estirpes *de S. aureus*. *Os estafilococos* coagulase-negativos foram recolhidos em 1987 com resistência intermédia à vancomicina [235]. Em 1996, foi obtido um isolado de *S. aureus* com uma CIM de 8 mg/L de uma criança após uma cirurgia cardíaca no Japão. Este foi designado *S. aureus* com resistência intermédia à vancomicina (VISA) [236]. Desta forma, a resistência à vacomicina começou a aumentar no *S. aureus*. Em 2002, no Michigan, foi recuperada uma estirpe *de S. aureus* altamente resistente à vancomicina com uma CIM superior a 128 mg/L, que também era MRSA, ou seja, CIM > 16 mg/L [237]. Os doentes infectados com *S. aureus* resistente à vancomicina são vulneráveis à morte, tal como indicado pela elevada taxa de mortalidade de 63% [125]. No nosso estudo, detectámos isolados com resistência intermédia à vancomicina. Detectámos isolados *de S. aureus* com resistência intermédia em diferentes grupos, KLS (6,59%), KBLS (0%), KE (12,5%), CN (0%), HMC (7,61%) e KBRN (21,31%) pelo método MIC. O valor médio é de 10,11%. Outros estudos efectuados no Paquistão confirmam estes resultados [212; 238; 239; 240]. A utilização limitada de vancomicina em infecções estafilocócicas devido ao custo elevado pode ser uma das razões para esta baixa resistência.
A CIM de *S. aureus* aumenta após a exposição à vancomicina [241]. A resistência à vancomicina nos *enterococos* é considerada em grande parte devida à exposição à avoparcina (antimicrobiano glicopeptídeo), que é utilizada como promotor de crescimento em animais. É de grande interesse descobrir a razão desta diminuição do nível de resistência à vancomicina. Uma vez que não existem dados publicados sobre a utilização de avoparcina no Paquistão, não podemos afirmar que esta seja a única razão.
Entre os agentes antiestafilocócicos, o ácido fusídico é um antibiótico ativo [122; 242]. Num relatório da Polónia, foi registada uma resistência de 2,6%, enquanto a resistência de 6,3% em *S. aureus* de França em 2008 [122; 243].
No nosso estudo, foi encontrada uma baixa resistência ao ácido fusídico. Os isolados *de S. aureus* resistentes ao ácido fusídico em diferentes grupos de isolados foram os seguintes: KLS 11,98%, KBLS 40,00%, KE 20,31%, CN 5,56%, HMC 19,57%' e KBRN 10,11%. Os isolados KBLS eram apenas 15 e 6 destes isolados foram considerados resistentes ao ácido fusídico. Este facto pode dever-se à reduzida dimensão da amostra. A resistência média é de 15,06%. Noutro estudo realizado por Hussain *et al.*, em 2008, em Rawalpindi, Paquistão, foi registada uma resistência de 7,4% [244]. A utilização de ácido fusídico sob a forma de aplicação tópica aumentou no Paquistão, o que pode levar ao subsequente aumento da resistência ao ácido fusídico [245].
Kedzierska *et al.* relataram 17% de resistência ao cloranfenicol em *S. aureus* da Polónia no ano de 2008, que foram recolhidos de infecções cutâneas [243]. Encontrámos resistência ao cloranfenicol em KLS 6,59%, KBLS 33,33%, KE 17,19%, CN 0%, HMC 13,04% e KBRN 25,84% com um valor médio de 13,93%. A menor resistência em *S. aureus* no estudo atual pode dever-se à utilização limitada deste antibiótico, uma vez que se sabe que tem potenciais efeitos nocivos na medula óssea [246; 128].
As fluoroquinolonas têm uma boa atividade contra *S. aureus* [247]. Denton *et al.*, em 2008, isolaram 1390 *S. aureus* de infecções da pele e dos tecidos moles na Irlanda, Reino Unido e França. Observaram mais de 95% de suscetibilidade à ciprofloxacina. Neste estudo, foi utilizada a ciprofloxacina, que teve 43,71% de atividade nos isolados KLS, 13,33% nos KBLS, 59,38% nos KE, 38,89% nos CN, 35,87% nos HMC e 35,95% nos KBRN. A média de todos estes valores é de 41,57%. Este estudo coincide com os resultados obtidos por Blandino *et al.*, em 2003, em Itália [248]. Tillotson *et al.* recolheram 380 000 isolados de *S. aureus* durante 2005-2007 nos EUA e comunicaram dados de suscetibilidade. Registaram mais de 60% de suscetibilidade dos isolados *de S. aureus* às fluoroquinolonas [249]. A suscetibilidade reduzida às fluoroquinolonas pode estar associada à utilização excessiva deste grupo de antibióticos e também ao facto de estarem disponíveis no balcão.
Os aminoglicosídeos inibem a síntese proteica [128]. Estes agentes antimicrobianos mostram atividade contra infecções *estafilocócicas* [250; 251]. Testámos a gentamicina (CN) e a amicacina (AK) neste estudo. Os valores percentuais da atividade da CN contra diferentes isolados foram KLS (56,89%), KBLS (26,67%), KE (62,50%), CRN (50%), HMC (48,91%) e KBRN (52,81%) com uma média de 53,93%. A AK demonstrou uma atividade muito melhor contra diferentes isolados de *S. aureus*, uma vez que KLS (56,89%), KLBS (60,00%), KE (81,25%), CRN (72,22%), HMC (66,30%) e KBRN (53,93%) eram susceptíveis. O valor médio da atividade é de 62,47%. Os nossos resultados são consistentes com os de Emaneuini *et al.*, (2009) do Irão [252].
A linezolida teve uma boa atividade contra os isolados de todos os grupos, ou seja, superior a 78%. No KLBS, mostrou uma excelente atividade, ou seja, 100%. A sua atividade média em todos os isolados foi de 83,15%. Um estudo da China registou uma atividade de 90,5% [253]. Anteriormente, verificou-se que a linezolida tinha

uma atividade de 100% [254]. Este facto indica um aumento da resistência à linezolida.
A suscetibilidade da RD a diferentes grupos de isolados *de S. aureus*, ou seja, KLS, KLBS, KE, CRN, HMC e KBRN foi de 80,24%, 86,67%, 75,00%, 83,33%, 85,87% e 92,13%, respetivamente, com um valor médio de 83,37%. Outros investigadores registaram 62% de atividade [255] e 95,2% de atividade [256].
A doxiciclina foi muito eficaz no nosso estudo. Este inibidor da síntese proteica é comparativamente de baixo custo. Registámos 73,03% de atividade da doxiciclina nos nossos isolados globais, o que é muito próximo dos antibióticos anti-estafilocócicos dispendiosos. Outro estudo realizado nesta região registou uma atividade de 60,77% [214].
Os macrólidos-lincosamida-estreptogramina B (MLSB) são antibióticos muito eficazes para os indivíduos alérgicos à penicilina que sofrem de infecções *estafilocócicas* [150]. A resistência a estes antibióticos está a aumentar rapidamente devido à sua utilização extensiva. Os mecanismos de resistência mais comuns aos agentes MLSB são os seguintes
1) 23S rRNA methylases, alterações alvo ribossómicas codificadas pelos genes *erm* [162].
2) Bombas de efluxo que são codificadas pelo gene *msrA* [153].
Resistência cruzada a macrólidos por resultados de metilação ribossómica, lincosamida e estreptogramina B (fenótipo MLSB) [257]. Os genes *erm* são expressos de forma constitutiva (cMLSB) ou induzida (iMLSB) [159], incluindo (*ermA*, *ermB* e *ermC*). Isto leva a uma espécie de relutância à utilização da clindamicina nas infecções causadas por estirpes resistentes à eritromicina [160]. As principais causas genéticas da ERY são a *ermA* e *a ermC*, enquanto *a msrA* é rara [11], pelo que *o S. aureus* resistente à eritromicina (ERY-R) pode ser considerado resistente à clindamicina (CLI-R) em muitas áreas geográficas e, além disso, se um organismo apresentar o fenótipo iMLSB, deve utilizar-se cautelosamente a CLI, uma vez que há hipóteses de desenvolver resistência durante o tratamento [258; 159].
A utilização de ERY é extensiva no Paquistão para infecções da garganta e da pele e está disponível como medicamento de venda livre [259]. Ainda assim, o trabalho de vigilância efectuado sobre este agente é muito reduzido para avaliar o grau de resistência. Ao mesmo tempo, há falta de informação sobre os tipos de MRSA que circulam. Um dos objectivos deste estudo é determinar a prevalência, a resistência ao MLSB e os mecanismos de resistência ao ERY a nível fenotípico entre *S. aureus*, a partir de diferentes amostras no Paquistão. Além disso, o estudo tem como objetivo verificar se houve alterações no grau de resistência a ERY entre MSSA e MRSA e examinar as várias toxinas criadas por *S. aureus*.
Incluímos a claritromicina (CLR) no nosso estudo. Diferentes grupos de isolados *de S. aureus*, ou seja, KLS, KLBS, KE, CRN, HMC e KBRN, apresentaram 37,72%, 53,33%, 31,25%, 44,44%, 52,17% e 49,44% de resistência à claritromicina, respetivamente, com uma média de 44,77% de resistência à ERY, que é inferior à registada na América do Norte [260]. A maior parte da resistência à ERY foi encontrada no MRSA em comparação com o MSSA, o que está em estreita concordância com um estudo colombiano [261].
Em todo o mundo, são efectuadas investigações regulares para conhecer os genes que codificam a resistência aos macrólidos e também para determinar se estes são expressos de forma constitutiva ou induzida. Em 2007, Otsuka *et al.*, do Japão, afirmaram que 61,3% dos MLSB eram constitutivos e 38,7% eram resistentes à indução de MLSB, sendo o gene *ermA* (95%) o principal no MRSA, enquanto no MSSA eram 1,3% e 94%, respetivamente, com o gene *ermC* a ser o principal (42%) [262]. Em 2007, um estudo efectuado na Turquia revelou que a resistência MLSB era 58,3% constitutiva, 20,8% induzível e 20,8% fenótipo MS em *S. aureus*, enquanto a distribuição dos genes era a seguinte: *ermC* 62,5%, *ermA+ermC* 37,5%, *ermA* 50%, *ermB* 8,3% e *msrA* 12,5%. Foi encontrada uma estirpe de MRSA com quatro genes de resistência, ou seja, *ermA+ermB+ermC+msrA* [164].
O ErmC é o principal gene (96,5%) na Grécia, conferindo resistência aos antimicrobianos MLSB e é expresso constitutivamente (94,7%) na maioria dos casos [165]. O Programa de Vigilância Antimicrobiana SENTRY efectuou um estudo em grande escala sobre estirpes obtidas em 24 hospitais europeus ligados à universidade, tendo descoberto que *o ermA* é o principal gene de resistência no MRSA (88%), principalmente no fenótipo de resistência constitutiva aos MLSB, enquanto *o ermC* foi predominantemente observado no MSSA em estirpes com expressão induzível [166]. *O ErmA* foi encontrado na maioria (75,8%) dos MRSA na Coreia, em comparação com 6,7% nos MSSA [167].
Os principais factores genéticos em *S. aureus* são *ErmA* e *ermC* [263; 262; 264]. A prevalência de *ermA* em diferentes isolados, ou seja, KLS, KLBS, KE, CRN, HMC e KBRN foi de 23,29%, 0%, 17,18%, 38,88%, 32,60% e 13,48%, respetivamente. O valor médio é de 20,91. A prevalência de *ermA* nas isoaltas de MRSA de cada grupo de isolados, ou seja, KLS, KLBS, KE, CRN, HMC e KBRN foi de 35,00%, 0,00%, 18,91%, 66,66%, 36,66% e 11,11%, respetivamente, com uma média de 28,05%. Enquanto que nas estirpes MSSA de diferentes grupos de isolados, ou seja, KLS, KLBS, KE, CRN, HMC e KBRN foi de 7,46%, 0,00%, 18,81%, 11,11%, 25,00% e 17,14%, respetivamente, com um valor médio de 13,25%. Isto indica que a prevalência de

ermA foi comparativamente maior em MRSA do que em MSSA.
A prevalência *do gene ermB* em diferentes grupos de isolados *de S. aureus*, ou seja, KLS, KLBS, KE, CRN, HMC e KBRN, foi de 20,95%, 0,00%, 17,18%, 11,11%, 17,39% e 4,49%, respetivamente, com um valor médio de 11,85%. Para analisar as diferenças entre as estirpes MRSA e MSSA no que respeita à prevalência do gene *ermB*, procedemos à sua comparação. *O ermB* no MRSA em diferentes grupos de amostras, ou seja, KLS, KLBS, KE, CRN, HMC e KBRN foi de 21,00%, 0,00%, 21,62%, 0,00%, 15% e 0,00%, respetivamente, com um valor médio de 9,60%. Nas estirpes de MSSA de diferentes grupos, ou seja, KLS, KLBS, KE, CRN, HMC e KBRN, foi de 20,89%, 0,00%, 11,11%, 22,22%, 21,87% e 11,42%, respetivamente, com uma média de 14,58%. O gene ermB foi encontrado mais em MSSA em comparação com MRSA. O gene ermC em diferentes grupos de isolados *de S. aureus*, ou seja, KLS, KLBS, KE, CRN, HMC e KBRN, foi de 23,35%, 13,33%, 28,12%, 33,33%, 29,34% e 21,34%, respetivamente, com um valor médio de 24,80%. Na estirpe MRSA dos diferentes grupos de isolados, ou seja, KLS, KLBS, KE, CRN, HMC e KBRN, foi de 28,00%, 15,38%, 27,02%, 22,22%, 26,66% e 20,37%, com um valor médio de 23,27%.
Nas estirpes de MSSA de diferentes grupos de isolados, ou seja, KLS, KLBS, KE, CRN, HMC e KBRN, a prevalência foi de 16,41%, 0,00%, 29,62%, 44,44%, 34,37% e 22,85, respetivamente, com um valor médio de 24,60%. No MSSA, a prevalência de *ermC* foi quase semelhante à das estirpes MRSA.
O estudo atual mostra que a resistência ao ERY é mais comum no MRSA em comparação com o MSSA. Na sua maioria, a resistência ao ERY deve-se aos genes *erm*, o que resulta num elevado nível de resistência. Este também pode ser expresso de forma induzida.

3.21.1 *Staphylococcus aureus* resistente à meticilina (MRSA)

A infeção causada por MRSA é um problema grave em todo o mundo [265]. Por conseguinte, os casos de infecções por MRSA aumentaram a nível mundial, como demonstrado em diferentes estudos [266; 267; 232]. A taxa de prevalência de MRSA também é elevada no Paquistão, tal como referido [233]. No entanto, a sua taxa de ocorrência varia de país para país. No presente estudo, a taxa de prevalência de MRSA foi de 61,34%, ou seja, 273 das 445 estirpes. Este valor é superior ao de estudos anteriores efectuados no Paquistão [268; 212], mas semelhante ao de estudos efectuados em hospitais da Rússia e da Arábia Saudita [145; 269]. A multirresistência a medicamentos em MRSA também foi frequentemente registada [143]. Todos os isolados de MRSA foram considerados multirresistentes no presente estudo. Um estudo efectuado na Irlanda por Galkowska *et al.*, em 2009, indicou que 70% dos MRSA eram multirresistentes [270]. De igual modo, foram também isolados MRSA multirresistentes de animais. Na China, Cui *et al.*, em 2009, revelaram que 70% dos MRSA são multirresistentes isolados de animais [271]. Os genes das estirpes multirresistentes, se estiverem localizados em plasmídeos, podem ser transferidos horizontalmente. O que pode causar infecções também nos seres humanos [272].
Contra as infecções por MRSA, a vancomicina é certamente um fármaco de eleição [273]. Os MRSA recolhidos no presente estudo foram considerados susceptíveis à vancomicina, o que mostra semelhanças com outros estudos realizados [274; 275; 276; 212; 239; 277].
Anteriormente, verificou-se que o cloranfenicol tinha uma boa atividade contra isolados de MRSA provenientes do Paquistão [275]. No estudo atual, o MRSA mostrou 74% de suscetibilidade ao cloranfenicol. Da mesma forma, a maioria dos isolados de MRSA neste estudo é suscetível ao ácido fusídico, ou seja, 80,76%. Os mesmos resultados foram publicados no Agha Khan University Hopital, em Carachi, onde a resistência ao ácido fusídico foi de 18% [277]. Em 2009, Askarian *et al.*, do Irão, publicaram um estudo que mostra 100% de suscetibilidade ao ácido fusídico por estirpes de MRSA [278].
O aminoglicosídeo, amicacina, apresenta uma boa atividade contra MRSA [279]. A atividade aminoglicosídica da CN contra diferentes isolados de MRSA, ou seja, KLS, KLBS, KE, CRN, HMC e KBRN, é de 32%, 23,08%, 54,05%, 22,22%, 31,67% e 30%, com um valor médio de 32,15%. AK mostrou boa atividade em comparação com CN contra diferentes isolados i.e. KLS, KLBS, KE, CRN, HMC e KBRN são 36%, 53.85%, 64.57%, 55.56%, 56.67% e 37%, com uma média de 50.60%. Neela *et al.* relataram uma taxa mais baixa (22%) de resistentes da Malásia, mas outro estudo realizado na África do Sul em 2009 (71%) relatou uma taxa mais elevada do que os estudos actuais [280; 281].
Peter Wilson *e outros,* em 2003, relataram a existência de MRSA resistente em Inglaterra, que se transformou a partir de estirpes susceptíveis após a terapêutica com Linezolida num doente [282]. Os nossos resultados revelaram uma boa suscetibilidade à LZD por parte de diferentes isolados de MRSA, ou seja, KLS, KLBS, KE, CRN, HMC e KBRN, de 71%, 100%, 86,49%, 100%, 88% e 83%, respetivamente, com uma média de 88,08%. Estes resultados são semelhantes aos do estudo de John Weigelt publicado em 2004 [283]. Um estudo anterior do Paquistão mostrou que todos os isolados testados eram susceptíveis à LZD. Isto mostra que a resistência à LZD aumentou nos anos anteriores. No estudo atual, foi registada uma resistência muito mais elevada à Linezolida do que os dados anteriormente comunicados [284; 285; 286; 287].

A resistência à rifampicina em *Staphylococcus aureus* é codificada cromossomicamente, baseando-se principalmente em mutações no gene rpoB [288].
A suscetibilidade à LZD de diferentes isolados de MRSA, ou seja, KLS, KLBS, KE, CRN, HMC e KBRN, é de 75%, 84,62%, 75,68%, 66,67%, 80% e 94%, respetivamente, com uma média de 79,33%. Noutros estudos realizados no Paquistão, foram comunicados diferentes padrões de suscetibilidade, por exemplo, num estudo, todas as estirpes foram consideradas susceptíveis [256], enquanto noutro estudo se observou uma resistência de 59% no MRSA [289]. Um estudo efectuado no hospital Aga Khan revela uma resistência de 50% [290], ao passo que um outro relatório efectuado em Rawalpindi revela uma resistência de 10,13% [291].
A suscetibilidade à DO de diferentes isolados de MRSA, ou seja, KLS, KLBS, KE, CRN, HMC e KBRN, é de 44%, 100%, 67,57%, 77,78%, 63,33% e 74%, respetivamente, com uma média de 71,11%. Anteriormente, Ullah et al., 2012, do mesmo hospital, registaram uma suscetibilidade de 83,30% à doxiciclina em isolados de MRSA [214], o que é semelhante aos resultados actuais.
Os MSSA são também uma causa de infecções pós-cirúrgicas, fasceíte necrotizante, endocardite e infecções hospitalares [292; 293]. Em comparação com o MRSA, as infecções por MSSA causam menos mortalidade [294]. Na sua maioria, os MSSA são altamente susceptíveis aos antibióticos. Foram publicados resultados semelhantes na África do Sul [295].

3.21.2 Toxinas

As infecções *estafilocócicas* com maior gravidade têm sido associadas à capacidade de fixação das células ao biomaterial. Recentemente, as capacidades de S. aureus de formar biofilme foram amplamente documentadas. No presente estudo, o gene *sea* foi considerado o mais comum entre os genes de enterotoxinas *estafilocócicas* clássicas isoladas de estirpes humanas. Em vários grupos de isolados que recolhemos, ou seja, KLS, KLBS, HMC e KBRN, a prevalência do *gene sea* foi de 46,35%, 33,33%, 31,52% e 17,97%, respetivamente, com um valor médio de 32,29. Enquanto nos isolados *de S. aureus* ambientais, ou seja, KE e CRN, a prevalência é de 56,25% e 33,33%. Os isolados de MRSA de espécimes humanos nos grupos acima referidos mostraram que a prevalência do gene *do mar* é de 49,00%, 38,46%, 30,00% e 18,51%, respetivamente, com um valor médio de 33,99%. O MRSA isolado de espécimes ambientais, ou seja, KE e CRN, rastreado para o gene *do mar* deu resultados de 59,45% e 44,44%, respetivamente. As estirpes de MSSA isoladas das amostras humanas, ou seja, KLS, KLBS, HMC e KBRN, apresentaram uma prevalência de 41,79%, 50%, 34,37% e 17,14%, respetivamente. O valor médio destas percentagens é de 35,85%. Do mesmo modo, as estirpes de MSSA isoladas de amostras ambientais, ou seja, KE e CRN, apresentaram uma prevalência de 51,85% e 22,22%, respetivamente. Os resultados do presente estudo demonstraram que a taxa de ocorrência do *mar* é elevada nas estirpes de *S. aureus* recolhidas de doentes e em amostras ambientais. Dados relatados anteriormente, relativos à prevalência do gene sea em
As estirpes de MSSA apresentaram 23%, 17% e 32% nos isolados invasivos e nasais, valores estes inferiores aos do presente estudo [296; 297]. Do mesmo modo, foi referido que 17,5% do MSSA e 80% do MRSA das estirpes clínicas de *S. aureus* apresentam o gene *sea* [298].
Em vários grupos de isolados de MRSA que recolhemos de espécimes humanos, ou seja, KLS, KLBS, HMC e KBRN, a prevalência de *seb* foi de 31%, 46,15%, 23,33% e 42,59%, respetivamente, com um valor médio de 35,46%. Enquanto que nos isolados de MSSA recolhidos de seres humanos para os referidos grupos de isolados é de 29,85%, 50,00%, 50,00% e 31,42% com um valor médio de 40,31%. Do mesmo modo, nos isolados de MRSA ambientais, ou seja, KE e CRN, a prevalência do gene *seb* é de 43,24% e 22,22%. Já nos isolados ambientais de MSSA, ou seja, KE e CRN, a prevalência é de 44,44% e 11,11%. No MSSA, o gene *seb* foi mais prevalente do que nas estirpes de MRSA. O gene *Sec* foi encontrado tanto em isolados de MRSA como de MSSA recolhidos no presente estudo, mas a taxa de prevalência foi considerada baixa em comparação com os genes *sea* e *seb*, o que também é sugerido por outros estudos a nível mundial [299].
O gene sed não foi encontrado nas estirpes *de S. aureus*. A taxa global de prevalência dos quatro genes *se* clássicos no presente estudo foi de 82,92% (n = 369). Isto mostra que um maior número de estirpes produz enterotoxinas. A deteção de genes de enterotoxina por PCR não é a única prova da produção de enterotoxina. Deve ser efectuado um bioensaio através de métodos imunológicos para demonstrar que um maior número de estirpes *de S. aureus* é capaz de produzir proteínas de enterotoxina [300]. Anteriormente, as taxas de prevalência de 73% e 86,2% para genes de toxinas eram inferiores às do presente estudo em *S. aureus*, mas havia vários genes que não foram incluídos nas investigações anteriores em comparação com os quatro genes do presente estudo [79].
Chiang *et al.*, em 2008 [301], referiram que 29,2%, 19,7%, 6,8% e 2,0% do total de 147 estirpes de *S. aureus* provenientes de epidemias de intoxicação alimentar, os doentes eram portadores dos genes *sea, seb, sec* e *sed*, respetivamente. Os resultados são consistentes com os do presente estudo, mas a prevalência dos genes deste último estudo foi menor entre as estirpes de intoxicação alimentar do que a do estudo de Omoe *et al.* [302].

Há alguma contradição entre os resultados do presente estudo e os dos três estudos supramencionados realizados por Nashev *et al*., (2004) [80], que referiram que o gene *seb* era (25%) o mais prevalente, o *sea* (15%) o segundo mais prevalente e o *sed* (5%) nas estirpes de *S. aureus* dos portadores nasais sem sintomas. A prevalência dos genes SE parece variar de país para país. Estas variações podem dever-se à natureza das estirpes e às diferenças geográficas. Um estudo realizado em 1995, em França, relatou a associação entre as infecções cutâneas e a produção de PVL, especialmente nos casos de furúnculos [59]. Para explorar melhor a produção de PVL em estirpes *de S. aureus*, Lina *et al.* efectuaram pela primeira vez um estudo abrangente no qual foram incluídos 172 isolados. O estudo abrangeu toda a França, envolvendo amostras de pneumonia, infecções cutâneas e outras infecções. Foi desenvolvido por eles um método PCR para encontrar os genes PVL (*lukS-PV* e *lukF-PV*) nos isolados recolhidos. Detectaram 93% e 85% de genes PVL distribuídos nas estirpes de pneumonia necrótica e furúnculos, as infecções comuns adquiridas na comunidade [50]. O gene PVL foi detectado por PCR neste estudo.

No presente estudo, a prevalência de PVL em MRSA de diferentes grupos, ou seja, KLS, KLBS, KE, CRN, HMC e KBRN, é de 48,00%, 69,23%, 21,62%, 44,44%, 30,00% e 12,96%, respetivamente. No total de MRSA isolados, a prevalência é de 37,71%. No MSSA isolado de diferentes grupos de isolados, ou seja, KLS, KLBS, KE, CRN, HMC e KBRN, a prevalência de PVL é de 80,59%, 50,00%, 33,33%, 88,88%, 56,25% e 45,71%. A prevalência de PVL em todos os MSSA isolados é de 59,12%.

Isto sugere que a taxa de ocorrência de estirpes *de S. aureus* positivas para *pvl* no Paquistão é elevada no MSSA em comparação com o MRSA. O mesmo é também referido por Lina *et al.*, em França [50]. A baixa ocorrência de MRSA *positivo para pvl* detectada no presente estudo sugere que a capacidade destas estirpes para causar doenças pode dever-se, sugestivamente, a outros genes ou caraterísticas que não o gene *pvl*. Os resultados actuais são muito semelhantes aos de Lina *et al.* (1999), que concluíram que havia uma associação 85% segura entre o gene *pvl* e a deteção de pneumonia adquirida na comunidade [50]. Skiest *et al.*, no entanto, encontraram alguns resultados contrastantes entre o presente e o último estudo [303]. No qual demonstrou que 97% dos isolados de MRSA eram positivos para *pvl*. Uma vez que o estudo foi realizado num hospital de uma área urbana, existe a possibilidade de todas as estirpes serem originárias de um clone de MRSA. Considera-se que o gene *Pvl* em *S. aureus* está associado a infecções necrosantes intensas, como abcessos cutâneos e pneumonia [50]. A toxina PVL é reconhecida por lisar/ativar diretamente PMNs, pelo que ocorre uma área central de necrose subcutânea como resultado de furúnculos. As variações citotóxicas e citolíticas nos PMNs, macrófagos e monócitos são induzidas pela produção da toxina PVL na infeção por *S. aureus*, que é codificada pelo gene *pvl* [51]. Sabe-se que os isolados de *S. aureus* Pvl-positivos são contagiosos e virulentos. Considera-se que os surtos de furúnculos em comunidades semi-fechadas, como prisões e equipas desportivas, estão associados a este gene [304; 305; 150]. Um aspeto importante é o facto de a fixação de *S. aureus* às células epiteliais do ser humano se dever à indução, pela leucocidina, da expressão de proteínas de fixação na parede celular, o que pode estar relacionado com a disseminação generalizada de *S. aureus* potencialmente *positivos para* pvl [149]. As estirpes de *S. aureus pvl-positivas* têm também sido associadas a doenças graves que ameaçam a vida em todo o mundo, com elevadas taxas de mortalidade e morbilidade, embora sejam principalmente uma causa de infecções simples das partes moles e da pele. As estirpes *pvl-positivas* de *S. aureus* não são agentes causadores de infeção sistémica dignos de nota no Reino Unido, mas a sua ocorrência a uma taxa de 20% nos EUA é considerada devida à estirpe CA-MRSA pvl-positiva, US 300 [306; 307].

A prevalência do gene *tsst* no KLS e no KLBS foi de 4,00% e 7,69%, respetivamente. A prevalência do gene *tst* em todos os isolados de MRSA é de 1,94%. Nos isolados de MSSA, o gene *tst* foi encontrado em KLS (2,98%), KE (11,11%) e HMC (3,12%). No total de MSSA recolhidos, a prevalência do gene tst é de 2,86%. A prevalência do gene *tst* é alegadamente baixa (7,5%) entre os isolados clínicos de *S. aureus* e 4,5% entre os portadores nasais estáveis *de S. aureus* [308; 80]. Existem diferentes estudos sobre a prevalência do gene *tst*, que é mais elevada no MSSA do que no MRSA, e os resultados contrastam com os estudos anteriores que afirmam que o gene *tst* é mais predominante no MRSA do que no MSSA [132; 309]. As duas estirpes de MSSA positivas para *tst* examinadas na investigação atual também albergavam o gene *sea*. O nosso estudo revela que as estirpes de MSSA que albergavam os genes *tst* e sea não são comuns nesta província do Paquistão, em comparação com outros estudos realizados noutras partes, onde os isolados clínicos de *S. aureus* portadores de mais de um gene são mais predominantes, ou seja, *tst e sea* ou *tst* e *sec* [310; 311; 312]. Nenhum dos isolados no presente estudo albergava simultaneamente os genes *sec* e *tst*. O gene *tst*, juntamente com certos genes de toxinas superantigénicas, está relacionado com factores genéticos móveis, por exemplo fagos, plasmídeos e ilhas de patogenicidade. Também é conhecida uma transferência horizontal de genes entre isolados de *S. aureus* [302]. Os isolados de *S. aureus* que albergam os genes *sea* e *tst* estão relacionados com a enterite por MRSA, em consequência da criação de TSST 1 e SEA [313]. A produção de citocinas é estimulada por SEA e TSST 1 em células mononucleares [314].

A incidência dos genes da enterotoxina *estafilocócica*, *tst* e *pvl* em isolados clínicos de *S. aureus* do Paquistão não tem sido publicada com frequência. Por conseguinte, os dados relativos a estes genes em estirpes clínicas do Paquistão e de países adjacentes são deficientes. No presente estudo, a elevada descoberta destes genes no Paquistão é uma observação muito estimulante e a necessidade de mais estudos para determinar a taxa de ocorrência destes e de outros genes predominantes nas estirpes de transporte nasal e colonização de isolados *de S. aureus*. Para detetar estes genes em isolados *estafilocócicos*, foram utilizadas técnicas de PCR nesta investigação. Estes genes conferem aos isolados *de S. aureus* a capacidade de produzir enterotoxinas, PVL ou toxinas TSST-1, embora a sua presença não demonstre essencialmente que a toxina correspondente foi formada.

3.21.3 Eletroforese em gel de campo pulsado (PFGE)

As infecções causadas por *Staphylococcus aureus* resistente à meticilina (MRSA) são uma preocupação crescente nas unidades de queimados, devido ao facto de os doentes imunodeprimidos com lesões por queimaduras serem mais susceptíveis de contrair essas infecções. *O Staphylococcus aureus* pode residir na superfície da pele, na cavidade nasal dos doentes ou dos profissionais de saúde e em objectos inanimados, incluindo vestuário e objectos feitos de poliésteres, pelo que a sua probabilidade de disseminação e colonização em doentes queimados (imunocomprometidos) é elevada [187; 198]. Os doentes anteriormente positivos para MRSA podem libertar MRSA viável no ar através de gotículas respiratórias que podem infetar doentes recém-admitidos no mesmo quarto [197]. Do mesmo modo, o MRSA pode ser transmitido através do ar contaminado que o adquire dos pavimentos e paredes colonizados do hospital [186]. A elevada suscetibilidade dos doentes queimados [285; 183] e a extensa transmissão cruzada de isolados [315] também foram salientadas por diferentes investigadores.

No presente estudo, foi observado um ambiente higiénico deficiente nas unidades de queimados para adultos e crianças, quando comparado com as diretrizes adoptadas nas unidades de queimados em todo o mundo [206]. Não existe um sistema de filtragem de ar limpo instalado. A limpeza de rotina das superfícies, incluindo o chão, as paredes, as mesas e as camas dos doentes, não é adequada e a exposição dos doentes aos ambientes circundantes é elevada devido à visita frequente de familiares e do pessoal dos cuidados de saúde, que não têm formação adequada para evitar a transmissão cruzada. Devido a estes factores, a ocupação e a transmissão cruzada de clones de MRSA podem ser facilmente compreendidas. Isolámos os mesmos clones de doentes diferentes, em alturas diferentes, que estavam internados nas enfermarias de queimados. As 54 estirpes foram classificadas em 14 grupos e designadas de A a N, de acordo com os critérios estabelecidos por McDougal, Steward et al. 2003 [225]. O agrupamento C e o agrupamento E agruparam 28 e 7 estirpes, respetivamente. Nestes agrupamentos, os grupos e subgrupos estão mais próximos uns dos outros em termos de parentesco devido a semelhanças no padrão de bandas dos isolados. Os tipos de pulso C1aaba e C1a4b agruparam 9 e 7 isolados, enquanto C1b e C2a agruparam 3 isolados cada. Os isolados agrupados em cada um dos pulso-tipos acima mencionados têm o mesmo padrão de banda. Estes clones são os mais abundantes nas unidades de queimados. Um estudo realizado numa unidade de queimados no Brasil mostra que os mesmos clones de MRSA detectados por PFGE foram encontrados em doentes admitidos ao mesmo tempo na mesma unidade, enquanto que os mesmos clones podem ser adquiridos por doentes admitidos mais tarde na unidade [316]. Numa outra abordagem, observou-se que o mesmo clone de MRSA foi transmitido a um recém-nascido pela mãe e, subsequentemente, o mesmo clone, tal como identificado por PFGE, foi transmitido horizontalmente a outros recém-nascidos admitidos na mesma Unidade de Cuidados Intensivos Neonatais (UCIN) [200].

Para além da deteção de clones de MRSA do tipo pulso semelhantes neste estudo, foram também isolados outros clones com um padrão de bandas distinguível. Foi detectado um total de 29 pulso-tipos de 54 isolados, o que sugere que as novas estirpes são abrigadas a partir de outras fontes, o que é compreensível, uma vez que o ambiente higiénico é pobre nestas unidades [197].

A prevalência de estirpes do mesmo tipo de pulso (mesmos clones) nas enfermarias de queimados foi considerada comum. Isto sugere que estas estirpes podem transmitir-se facilmente aos doentes recém-admitidos na mesma enfermaria. Devem ser tomadas medidas para reduzir a via de transmissão do MRSA. Isto reduzirá a taxa de morbilidade e mortalidade entre os doentes queimados. Isto também é importante para a redução do custo da medicação e pode reduzir o tempo de hospitalização necessário.

Conclusões

- *S. aureus* foi encontrado principalmente nas amostras de pus.
- Entre os antibióticos testados, a vancomicina foi a mais potente contra *S. aureus*, seguida pelo ácido fusídico, rifampicina, linezolida, cloranfenicol e doxiciclina.
- A prevalência de MRSA foi registada em 61,34%.
- Os resultados mostram uma concordância na deteção de resistência à meticilina em *S. aureus* entre os diferentes métodos, por exemplo, o disco de cefoxitina, o Agar 2 MRSA brilhante e a técnica do gene *mecA*.
- Em caso de desacordo, os resultados do gene *mecA* foram considerados como o resultado final.
- Os MRSA eram maioritariamente co-resistentes à eritromicina, gentamicina, ciprofloxacina e tetraciclinas.
- Os MSSA encontrados no estudo eram geralmente susceptíveis aos outros antimicrobianos, incluindo a cefoxitina e a vancomicina.
- Em comparação com o MSSA, foram observados valores elevados de MIC50 e MIC90 para o MRSA.
- Nas estirpes *de S. aureus* resistentes à eritromicina, *o erm* A e *o erm* C foram mais comuns, enquanto *o ermB* foi menos frequente.
- As estirpes resistentes à eritromicina também foram consideradas positivas para um gene de resistência à eritromicina.
- O gene *sea* foi o mais frequentemente detectado entre os genes clássicos de enterotoxinas em estirpes *de S. aureus*, seguido de *seb* e *sec*.
- Em todos os nossos isolados de *S. aureus* não foi encontrado nenhum gene de enterotoxina *sed.*
- As estirpes de MRSA negativas para o gene PVL eram muito menos do que as estirpes de MSSA.
- Foram detectadas estirpes com mais de um gene de toxina nas estirpes MSSA.
- O PFGE detectou 14 clusters que incluem 29 clones de pulso-tipos diferentes que habitam nas unidades de queimados.
- Muitos dos mesmos clones de pulso-tipo foram encontrados nas unidades de queimados.
- Entre estes 29 clones ou tipos de pulso, 11 agruparam duas ou mais estirpes. Por exemplo, C1aaba agrupou 9 estirpes, C1a4b agrupou 7, C1b e C2a agruparam 3 estirpes cada.
- Foram registadas semelhanças até 94,8 % para os grupos designados por C1a5, C1a4b, C1a3b, C1aaba e C1aabb, o que sugere que estas estirpes pertencem ao mesmo ancestral.
- Por outro lado, foram detectados 29 pulso-tipos de 54 estirpes, o que sugere que existe uma grande diversidade entre as estirpes de MRSA recolhidas dos doentes queimados.

RECOMENDAÇÕES

- A sensibilidade da cultura é necessária para o início de uma terapêutica eficaz e específica. Isto ajudará a atingir o objetivo da utilização racional de antibióticos. Se os médicos estiverem conscientes da natureza do agente patogénico, isso conduzirá a uma redução da duração e do custo do tratamento. Este sistema também reduz os riscos associados à utilização de medicamentos irracionais/irrelevantes.
- O teste de suscetibilidade para cada infeção deve ser estimulado para saber que antibióticos podem ser os mais adequados para o agente patogénico causador.
- É necessária uma observação rigorosa dos registos de utilização e resistência aos antimicrobianos para abranger o aumento da resistência aos antibióticos. É necessária uma investigação incessante para manter dados corretos sobre os padrões do antibiograma de todos os agentes patogénicos. Esses dados estatísticos encontrados devem ser partilhados com outros participantes do sistema de cuidados de saúde, por exemplo, farmacêuticos, médicos e enfermeiros. Com a ajuda destes dados, ficarão mais bem informados sobre os recentes padrões de suscetibilidade aos antibióticos dos microrganismos e ajudá-los-ão a ter melhores opções no tratamento dos doentes. A Comissão de Controlo de Infecções de um hospital pode fazer este tipo de investigação.
- Para obter uma imagem global do padrão de suscetibilidade no país, deve ser criado um laboratório de referência. Os organismos multirresistentes ou com padrões raros de resistência aos antibióticos devem ser enviados pelo comité ao laboratório de referência. O laboratório de referência descreverá adicionalmente este tipo de agentes patogénicos e apresentará recomendações para o tratamento de doenças produzidas por esses isolados.
- O Comité deve criar um plano para o país e modificá-lo periodicamente para o controlo das infecções na comunidade com base no padrão de suscetibilidade aos antibióticos obtido.
- *O Staphylococcus aureus*, se identificado, deve ser processado para identificação de MRSA.
- Para a identificação de MRSA, deve ser efectuada uma difusão em disco de Cefoxitina (FOX). Também recomendamos o ágar Brilliance MRSA2 (Oxoid, Reino Unido) para a identificação de MRSA, uma vez que é um procedimento muito mais rápido. Todos os MRSA obtidos devem ser enviados para o laboratório de referência para investigação adicional. A infeção por MRSA deve ser comunicada ao pessoal de saúde e deve ser familiarizado com um sistema de sinalização. Este sistema pode ajudar a reconhecer os doentes anteriormente positivos para MRSA, de modo a que, aquando da sua admissão posterior, estes indivíduos sejam facilmente reconhecidos e colocados em quarentena de forma adequada.
- O pessoal hospitalar e os doentes positivos para MRSA e VRSA ou portadores devem ser isolados até que o teste os revele como negativos. Para esses isolados, a política de "procurar e destruir" é muito adequada.
- Deve ser dada atenção à redução da transmissão do MRSA. Isto reduzirá a taxa de morbilidade e mortalidade entre os doentes e reduzirá o custo dos medicamentos e pode reduzir a permanência no hospital.
- A investigação básica sobre antimicrobianos é também necessária para descobrir novos alvos nos microrganismos.
- É importante sensibilizar o público para a utilização excessiva de antimicrobianos, que pode extinguir as bactérias úteis.
- A conformidade dos indivíduos que utilizam antibióticos deve ser observada regularmente.
- A utilização de antibióticos como agente de promoção do crescimento dos animais deve ser suspensa.
- A indústria farmacêutica deve ser encorajada por diferentes meios, como o prolongamento da duração das patentes, incentivos à indústria, racionalização do processo de registo dos produtos e persuasão para que inicie projectos de investigação com os institutos de investigação das universidades.
  - A utilização de novos antibióticos deve ser restringida. Isto diminuirá o aumento da resistência.
  - É necessária uma investigação adequada para controlar o aparecimento de resistência aos novos antibióticos após o seu lançamento.
  - A automedicação e a venda livre de antimicrobianos devem ser proibidas.
  - As bactérias, os fungos e as plantas são as indústrias da natureza que produzem uma variedade de agentes. A investigação para o rastreio de bactérias, fungos e plantas pode ajudar a encontrar novos agentes antimicrobianos.
  - Deve ser estimulada a investigação sobre a produção de vacinas, o que pode reduzir a utilização de antibióticos e, por conseguinte, a resistência dos microrganismos aos antibióticos.
  - A estratégia antibiótica deve ser aplicada de forma rigorosa, com as seguintes caraterísticas importantes: i) Devem ser efectuados testes de sensibilidade da cultura e os antibióticos devem ser utilizados em conformidade. ii) Em caso de bacteriemia assintomática, a utilização de antibióticos

deve ser evitada.

iii) É necessário um ciclo completo de antibióticos para erradicar completamente o agente patogénico.

iv) A utilização de antibióticos como agente profilático deve ser limitada.

v) As infecções virais não devem ser tratadas com antibióticos.

- A tipagem de estirpes de MRSA por PFGE, MLST e técnica de tipagem *SCC mec* é necessária para observar e ultrapassar uma epidemia no hospital. Isto irá certamente reduzir a taxa de morbilidade e mortalidade.
- Devem ser iniciados procedimentos de limpeza adequados para reduzir a propagação do MRSA adquirido.

Referências

. Willey, J.M. 2008. Prescott, Harley, and Klein's Microbiology-7th international ed./Joanne M. Willey, Linda M. Sherwood, Christopher J. Woolverton New York [etc.]: McGraw-Hill Higher Education.
. Boone, D.R., Castenholz, R.W., Garrity, G.M., Brenner, D.J., Krieg, N.R., Staley, J.T. 2005. Bergey's ManualA® of Systematic Bacteriology Springer Science & Business Media.
. Ogston, A. *Review of Infectious Diseases* 1984 6(1), 122-128.
. Ryan, K.J., Ray, C.G. 2004. Sherris medical microbiology McGraw Hill Medical New York.
. Nester, E.W., Roberts, C.E., Pearsall, N.N., McCarthy, B.J. 1978. Microbiology Holt, Rinehart and Winston.
. Cheesbrough, M. 2006. District laboratory practice in tropical countries Cambridge university press.
. Centros de Doenças, C., Prevenção. Staphylococcus aureus resistente à oxacilina na PulseNet (OPN): Protocolo laboratorial para tipagem molecular de S. aureus por eletroforese em gel de campo pulsado (PFGE) citado.
. Lammers, A., Nuijten, P.J.M., Smith, H.E. *FEMS microbiology letters* 1999 180(1), 103109.
. Collen, D.s. *Nature medicine* 1998 4(3), 279-284.
. Nived, O., Linder, C., Odeberg, H., Svensson, B. *Annals of the rheumatic diseases* 1985 44(4), 252-259.
. Sompolinsky, D., Samra, Z., Karakawa, W.W., Vann, W.F., Schneerson, R., Malik, Z. *Journal of Clinical Microbiology* 1985 22(5), 828-834.
. Liu, G.Y., Essex, A., Buchanan, J.T., Datta, V., Hoffman, H.M., Bastian, J.F., Fierer, J., Nizet, V. *The Journal of experimental medicine* 2005 202(2), 209-215.
. Rosen, H., Klebanoff, S.J. *The Journal of experimental medicine* 1979 149(1), 27-39.
. Das, D., Bishayi, B. *Microbial pathogenesis* 2009 47(2), 57-67.
. Kondo, I., Sakurai, S., Sarai, Y., Futaki, S. *Journal of Clinical Microbiology* 1975 1(5), 397-400.
. Rogolsky, M. *Microbiological reviews* 1979 43(3), 320.
. McCormick, J.K., Yarwood, J.M., Schlievert, P.M. *Annual Reviews in Microbiology* 2001 55(1), 77-104.
. Bernheimer, A.W., Kim, K.S., Remsen, C.C., Antanavage, J., Watson, S.W. *Infection and immunity* 1972 6(4), 636-642.
. Mekalanos, J.J. *Journal of bacteriology* 1992 174(1), 1.
. Costerton, J.W., Montanaro, L., Arciola, C.R. *The International journal of artificial organs* 2005 28(11), 1062-1068.
. Hall-Stoodley, L., Costerton, J.W., Stoodley, P. *Nature Reviews Microbiology* 2004 2(2), 95-108.
. Lear, G., Lewis, G.D. 2012. Biofilmes microbianos: investigação e aplicações actuais Horizon Scientific Press.
. Costerton, J.W., Stewart, P.S., Greenberg, E.P. *Science* 1999 284(5418), 1318-1322.
. Cramton, S.E., Gerke, C., Schnell, N.F., Nichols, W.W. Infection and immunity 1999 67(10), 5427-5433.
. Cucarella, C., Solano, C., Valle, J., Amorena, B., Lasa, Ä.Ä.i., Penadès, J.R. *Journal of bacteriology* 2001 183(9), 2888-2896.
. McKenney, D., Pouliot, K.L., Wang, Y., Murthy, V., Ulrich, M., DÄ'ring, G., Lee, J.C., Goldmann, D.A., Pier, G.B. *Science* 1999 284(5419), 1523-1527.
. Montanaro, L., Arciola, C.R., Baldassarri, L., Borsetti, E. *Biomaterials* 1999 20(20), 1945-1949.
. Heilmann, C., Schweitzer, O., Gerke, C., Vanittanakom, N., Mack, D., Gătz, F. *Molecular microbiology* 1996 20(5), 1083-1091.
. Patti, J.M., Allen, B.L., McGavin, M.J., Hook, M. *Annual Reviews in Microbiology* 1994 48(1), 585-617.
. Quoc, P.H.T., Genevaux, P., Pajunen, M., Savilahti, H., Georgopoulos, C., Schrenzel, J., Kelley, W.L. *Infection and immunity* 2007 75(3), 1079-1088.
. Arciola, C.R., Baldassarri, L., Montanaro, L. *J Clin Microbiol* 2001 39(6), 2151-2156.
. Rupp, M.E., Fey, P.D., Heilmann, C., GA'tz, F. *Journal of Infectious Diseases* 2001 183(7),

1038-1042.
. Monroe, D. *PLoS Biol* 2007 5(11), e307.
. Beenken, K.E., Dunman, P.M., McAleese, F., Macapagal, D., Murphy, E., Projan, S.J., Blevins, J.S., Smeltzer, M.S. *J Bacteriol* 2004 186(14), 4665-4684.
. Fitzpatrick, F., Humphreys, H., O'Gara, J.P. *Journal of Clinical Microbiology* 2005 43(4), 1973-1976.
. Kozitskaya, S., Olson, M.E., Fey, P.D., Witte, W., Ohlsen, K., Ziebuhr, W. *Journal of Clinical Microbiology* 2005 43(9), 4751-4757.
. Valle, J., Toledoa€^ Arana, A., Berasain, C., Ghigo, J.M., Amorena, B., Penadès, J.R., Lasa, I.i. *Molecular microbiology* 2003 48(4), 1075-1087.
. Rachid, S., Ohlsen, K., Wallner, U., Hacker, J.r., Hecker, M., Ziebuhr, W. *Journal of bacteriology* 2000 182(23), 6824-6826.
. Conlon, K.M., Humphreys, H., O'Gara, J.P. *Journal of bacteriology* 2002 184(16), 44004408.
. Cramton, S.E., Ulrich, M. *Infection and immunity* 2001 69(6), 4079-4085.
. Pawlowski, K.S., Wawro, D., Roland, P.S. *Otology & Neurotology* 2005 26(5), 972-975.
. Bartoszewicz, M., Rygiel, A., Krzemiīski, M., Przondo-Mordarska, A. *Ortopedia, traumatologia, rehabilitacja* 2006 9(3), 310-318.
. Frank, K.L., Hanssen, A.D., Patel, R. *Journal of Clinical Microbiology* 2004 42(10), 4846-4849.
. Vasudevan, P., Nair, M.K.M., Annamalai, T., Venkitanarayanan, K.S. *Veterinary microbiology* 2003 92(1), 179-185.
. Satorres, S.E., Alcarāiz, L.E. *Central European journal ofpublic health* 2007 15(2), 8790.
. Martin-Lopez, J.V., Perez-Roth, E., Claverie-Martin, F.l., Diez Gil, O., Batista, N., Morales, M., Mendez-Alvarez, S. *Journal of Clinical Microbiology* 2002 40(4), 15691570.
. Grinholc, M., Wegrzyn, G., Kurlenda, J. *FEMS Immunology & Medical Microbiology* 2007 50(3), 375-379.
. Dinges, M.M., Orwin, P.M., Schlievert, P.M. *Clinical microbiology reviews* 2000 13(1), 16-34.
. Labandeira-Rey, M., Couzon, F., Boisset, S., Brown, E.L., Bes, M., Benito, Y., Barbu, E.M., Vazquez, V., Hook, M., Etienne, J., Vandenesch, F., Bowden, M.G. *Science* 2007 315(5815), 1130-1133.
. Lina, G., Piemont, Y., Godail-Gamot, F., Bes, M., Peter, M.-O., Gauduchon, V., Vandenesch, F., Etienne, J. *Clin Infect Dis* 1999 291128-1132.
. Panton, N., Valentine, F. *Lancet* 1932 222, 506-508.
. Supersac, G., Prevost, G., Piemont, Y. *Infection and immunity* 1993 61(2), 580-587.
. Woodin, A.M. *Biochemical Journal* 1959 73(2), 225.
. Woodin, A.M. *Biochemical Journal* 1960 75(1), 158.
. Konig, B., Prevost, G., Konig, W. *J. Med. Microbiol* 1997 46(1997), 479-485.
. Julianelle, L.A. *The Journal of Infectious Diseases* 1922 256-284.
. Tristan, A., Ferry, T., Durand, G., Dauwalder, O., Bes, M., Lina, G., Vandenesch, F.o., Etienne, J. *Journal of Hospital Infection* 2007 65105-109.
. Boyce, J.M., Cookson, B., Christiansen, K., Hori, S., Vuopio-Varkila, J., Kocagā'z, S., Ä-ztop, A.Y., Vandenbroucke-Grauls, C.M.J.E., Harbarth, S., Pittet, D. *The Lancet infectious diseases* 2005 5(10), 653-663.
. Prevost, G., Couppie, P., Prevost, P., Gayet, S., Petiau, P., Cribier, B., Monteil, H., Piemont, Y. *J Med Microbiol* 1995 42(4), 237-245.
. Colin, D.A., Mazurier, I., Sire, S., Finck-Barbancon, V. *Infection and immunity* 1994 62(8), 3184-3188.
. Finck-Barbancon, V., Duportail, G., Meunier, O., Colin, D.A. *Biochimica et biophysica ata. Molecular basis of disease* 1993 1182(3), 275-282.
. Staali, L., Monteil, H., Colin, D.A. *The Journal of membrane biology* 1998 162(3), 209216.
. Issartel, B., Tristan, A., Lechevallier, S., Bruyere, F., Lina, G., Garin, B.t., Lacassin, F., Bes, M., Vandenesch, F.o., Etienne, J. *Journal of Clinical Microbiology* 2005 43(7), 3203-3207.
. Strauss R, A.K., Jacobs M, Bush K, Noel G. . *Clin Microb Infect.* 2007 29(S2).
. Dumitrescu, O., Boisset, S., Badiou, C., Bes, M., Benito, Y., Reverdy, M.-E., Vandenesch, F.o., Etienne, J., Lina, G. *Antimicrobial agents and chemotherapy* 2007 51(4), 1515-1519.
. Micek, S.T., Dunne, M., Kollef, M.H. *Chest Journal* 2005 128(4), 2732-2738.

. Lina, G., Cozon, G.g., Ferrandiz, J., Greenland, T., Vandenesch, F.o., Etienne, J. *Journal of Clinical Microbiology* 1998 36(4), 1042-1045.
. Fueyo, J.M., Mendoza, M.C., Rodicio, M.R., Muniz, J., Alvarez, M.A., MartÄ-n, M.C. *Journal of Clinical Microbiology* 2005 43(3), 1278-1284.
. Letertre, C., Perelle, S., Dilasser, F., Fach, P. *Journal of Applied Microbiology* 2003 95(1), 38-43.
. Llewelyn, M., Cohen, J. *The Lancet infectious diseases* 2002 2(3), 156-162.
. Lina, G., Bohach, G.A., Nair, S.P., Hiramatsu, K., Jouvin-Marche, E., Mariuzza, R. *Journal of Infectious Diseases* 2004 189(12), 2334-2336.
. Jarraud, S., Cozon, G.g., Vandenesch, F.o., Bes, M.l., Etienne, J., Lina, G. *Journal of Clinical Microbiology* 1999 37(8), 2446-2449.
. Holtfreter, S., Broker, B.M. *Arch Immunol Ther Exp (Warsz)* 2005 53(1), 13-27.
. Orwin, P.M., Leung, D.Y.M., Donahue, H.L., Novick, R.P., Schlievert, P.M. *Infection and immunity* 2001 69(1), 360-366.
. Balaban, N., Rasooly, A. *International journal of food microbiology* 2000 61(1), 1-10.
. Yang, P.-C., Wang, C.-S., An, Z.-Y. *BMC gastroenterology* 2005 5(1), 6.
. Kuramoto, S., Kodama, H., Yamada, K., Inui, I., Kitagawa, E., Kawakami, K., Satomi, R., Ikawa, A., Omoe, K., Shinagawa, K. *Japanese journal of infectious diseases* 2006 59(5), 347.
. Omoe, K., Ishikawa, M., Shimoda, Y., Hu, D.-L., Ueda, S., Shinagawa, K. *Journal of Clinical Microbiology* 2002 40(3), 857-862.
. Becker, K., Friedrich, A.W., Lubritz, G., Weilert, M., Peters, G., von Eiff, C. *Journal of Clinical Microbiology* 2003 41(4), 1434-1439.
. Nashev, D., Toshkova, K., Salasia, S.I., Hassan, A.A., Lammler, C., Zschock, M. *FEMS Microbiol Lett* 2004 233(1), 45-52.
. Abraham, E.P., Chain, E. *Nature* 1940 146(3713), 837.
. Shiomori, T., Yoshida, S.-i., Miyamoto, H., Makishima, K. *Journal of allergy and clinical immunology* 2000 105(3), 449-454.
. Liu, T., Wang, B.-Q., Zheng, P.-Y., He, S.-H., Yang, P.-C. *BMC gastroenterology* 2006 6(1), 24.
. Yang, P.-C., Liu, T., Wang, C.-S., Zhang, N.-Z., Tao, Z.-D. *Otorrinolaringologia - Cirurgia de Cabeça e Pescoço* 2000 123(1), 120-123.
. Kluytmans, J., Van Belkum, A., Verbrugh, H. *Clinical microbiology reviews* 1997 10(3), 505-520.
. Proft, T., Fraser, J.D. *Clinical & Experimental Immunology* 2003 133(3), 299-306.
. Mattix, M.E., Hunt, R.E., Wilhelmsen, C.L., Johnson, A.J., Baze, W.B. *Toxicologic pathology* 1995 23(3), 262-268.
. Rajagopalan, G., Smart, M.K., Patel, R., David, C.S. *Infection and immunity* 2006 74(10), 6016-6019.
. Ferry, T., Thomas, D., Genestier, A.-L., Bes, M.l., Lina, G., Vandenesch, F.o., Etienne, J. *Clinical Infectious Diseases* 2005 41(6), 771-777.
. Miethke, T., Wahl, C., Heeg, K., Echtenacher, B., Krammer, P.H., Wagner, H. *The Journal of experimental medicine* 1992 175(1), 91-98.
. Czerwinski, B.S. *Journal of Obstetric, Gynecologic, & Neonatal Nursing* 2000 29(6), 625-633.
. Schlievert, P. *The Lancet* 1986 327(8490), 1149-1150.
. Fitzgerald, J.R., Sturdevant, D.E., Mackie, S.M., Gill, S.R., Musser, J.M. *Proceedings of the National Academy of Sciences* 2001 98(15), 8821-8826.
. Neu, H.C. *et al., Human pharmacology: molecular to clinical, Mosby, St. Louis (MO)* 1994 616-701.
. Alcamo, I.E. 1994. Fundamentos de microbiologia Benjamin/Cummings Publishing Company.
. Bartlett, J.G., Froggatt, J.W. *Archives of Otolaryngologya - Head & Neck Surgery* 1995 121(4), 392-396.
. Tipper, D.J., Strominger, J.L. *Actas da Academia Nacional de Ciências dos Estados Unidos da América* 1965 54(4), 1133.
. Hammes, W.P., Neuhaus, F.C. *Antimicrobial agents and chemotherapy* 1974 6(6), 722728.
. Blondeau, J.M. *Survey of ophthalmology* 2004 49(2), S73-S78.
. Smith, J.T. *Infection* 1985 14S3-15.
. Brisson-Noel, A., Trieu-Cuot, P., Courvalin, P. *Journal of Antimicrobial Chemotherapy* 1988

22(Supplement B), 13-23.
. Lando, D., Cousin, M.A., Privat de Garilhe, M. *Biochemistry* 1973 12(22), 4528-4533.
. Mycek, M.J., Harvey, R.A., Champe, P.C. 2000. Lippincott's Illustrated Reviews: Pharmacology, Special Millennium Update Philadelphia, PA: Lippincott Williams & Wilkins.
. Weber, M.J., DeMoss, J.A. *Journal of bacteriology* 1969 97(3), 1099-1105.
. Leclercq, R., Bismuth, R., Casin, I., Cavallo, J.D., Croizé, J., Felten, A., Goldstein, F., Monteil, H., Quentin-Noury, C., Reverdy, M. *Journal of Antimicrobial Chemotherapy* 2000 45(1), 27-29.
. Levy, S.B. *The Pediatric infectious disease journal* 2000 19(10), S120-S122.
. Davies, J., Gray, G. 1984. Evolutionary relationships among genes for antibiotic resistance, Origins and Development of Adaptation. Pitman London. pp. 219-232.
. Trieu-Cuot, P., Arthur, M., Courvalin, P. *Microbiological sciences* 1987 4(9), 263-266.
. Lewis, M.A.O., Parkhurst, C.L., Douglas, C.W.I., Martin, M.V., Absi, E.G., Bishop, P.A., Jones, S.A. *Journal of Antimicrobial Chemotherapy* 1995 35(6), 785-791.
. Finch, R.G. *Journal of Antimicrobial Chemotherapy* 1998 42(2), 125-128.
. Wenzel, R.P., Edmond, M.B. *The New England journal of medicine* 2000 343(26), 1961.
. Ahmad, B.A.A.S. *Pak J Med Research* 1997 36(136).
. Khan, O., N. Khan, . *Pak J Med Research* 1998 37 80-82.
. Khushal, R. 2004. Prevalência, caraterização e desenvolvimento de padrões de resistência em isolados clínicos indígenas contra cefalosporinas. Universidade Quaid-i-Azam, Islamabad.
. Hartman, B., Tomasz, A. *Antimicrobial agents and chemotherapy* 1981 19(5), 726-735.
. Ubukata, K., Nonoguchi, R., Matsuhashi, M., Konno, M. *Journal of bacteriology* 1989 171(5), 2882-2885.
. Livermore, D.M. *Clinical microbiology reviews* 1995 8(4), 557-584.
. Ingram, J.M., Hassan, H.M. *Canadian journal of microbiology* 1975 21(8), 1185-1191.
. Chopra, I.A.N. *Journal of Antimicrobial Chemotherapy* 1992 30(6), 737-738.
. Hawkey, P.M. *British Medical Journal* 1998 317657-660.
. Ross, J.I., Eady, E.A., Cove, J.H., Cunliffe, W.J., Baumberg, S., Wootton, J.C. *Molecular microbiology* 1990 4(7), 1207-1214.
. Denton, M., O'Connell, B., Bernard, P., Jarlier, V., Williams, Z., Henriksen, A.S. *J Antimicrob Chemother* 2008 61(3), 586-588.
. Fang, H., Edlund, C., Hedberg, M., Nord, C.E. *International journal of antimicrobial agents* 2002 19(5), 361-370.
. Casey, A.L., Lambert, P.A., Elliott, T.S.J. *Revista internacional de agentes antimicrobianos* 2007 29S23-S32.
. Fridkin, S.K., Hageman, J., McDougal, L.K., Mohammed, J., Jarvis, W.R., Perl, T.M., Tenover, F.C. *Clin Infect Dis* 2003 36(4), 429-439.
. Hiramatsu, K., Aritaka, N., Hanaki, H., Kawasaki, S., Hosoda, Y., Hori, S., Fukuchi, Y., Kobayashi, I. *The Lancet* 1997 350(9092), 1670-1673.
. Tiwari, H.K., Das, A.K., Sapkota, D., Sivrajan, K., Pahwa, V.K. *The Journal of Infection in Developing Countries* 2009 3(09), 681-684.
. Katzung, B.G. 2004. Chemotherapeutic Drugs, Basic & Clinical Pharmacology The Mc Graw-Hill Companies 43, Singapore
. Jevons, M.P., Rolinson, G.N., Knox, R. *The British Medical Journal* 1961 124-126.
. Brown, P.D., Ngeno, C. *Revista internacional de doenças infecciosas* 2007 11(3), 220-225.
. Chambers, H.F. *Clinical microbiology reviews* 1997 10(4), 781-791.
. Georgopapadakou, N.H., Smith, S.A., Sykes, R.B. *Antimicrobial agents and chemotherapy* 1982 21(6), 950-956.
. Hartman, B.J., Tomasz, A. *Journal of bacteriology* 1984 158(2), 513-516.
. Brown, D.F., Reynolds, P. E. . *FEBS Lett* 1980 122275-278.
. Enright, M.C., Robinson, D.A., Randle, G., Feil, E.J., Grundmann, H., Spratt, B.G. *Proceedings of the National Academy of Sciences* 2002 99(11), 7687-7692.
. Ito, T., Katayama, Y., Asada, K., Mori, N., Tsutsumimoto, K., Tiensasitorn, C., Hiramatsu, K. *Antimicrobial agents and chemotherapy* 2001 45(5), 1323-1336.
. Ito, T., Katayama, Y., Hiramatsu, K. *Antimicrobial agents and chemotherapy* 1999 43(6), 1449-1458.
. Livermore, D.M. *Revista internacional de agentes antimicrobianos* 2000 163-10.

. Hanssen, A.M., Ericson Sollid, J.U. *FEMS Immunology & Medical Microbiology* 2006 46(1), 8-20.
. Orrett, F.A., Land, M. *BMC infectious diseases* 2006 6(1), 83.
. Bell, J.M., Turnidge, J.D. *Antimicrobial agents and chemotherapy* 2002 46(3), 879-881.
. Hsueh, P.-R., Teng, L.-J., Chen, W.-H., Pan, H.-J., Chen, M.-L., Chang, S.-C., Luh, K.-T., Lin, F.-Y. *Antimicrobial agents and chemotherapy* 2004 48(4), 1361-1364.
. Randrianirina, F.d.r., Soares, J.-L., Ratsima, E., Carod, J.-F.o., Combe, P., Grosjean, P., Richard, V., Talarmin, A. *Annals of clinical microbiology and antimicrobials* 2007 6(1), 5.
. Bratu, S., Landman, D., Gupta, J., Trehan, M., Panwar, M., Quale, J. *Annals of clinical microbiology and antimicrobials* 2006 5(1), 29.
. Baddour, M.M., Abuelkheir, M.M., Fatani, A.J. *Annals of clinical microbiology and antimicrobials* 2006 5(1), 30.
. Dar, J.A., Thoker, M.A., Khan, J.A., Ali, A., Khan, M.A., Rizwan, M., Bhat, K.H., Dar, M.J., Ahmed, N., Ahmad, S. *Annals of clinical microbiology and antimicrobials* 2006 5(1), 22.
. Subedi, S., Brahmadathan, K.N. *Clinical microbiology and infection* 2005 11(3), 235237.
. Schmitz, F.-J., Krey, A., Sadurski, R., Verhoef, J., Milatovic, D., Fluit, A.C. *Journal of Antimicrobial Chemotherapy* 2001 47(2), 239-240.
. Eady, E.A., Ross, J.I., Cove, J.H. *Journal of Antimicrobial Chemotherapy* 1990 26(4), 461-465.
. Roberts, M.C., Sutcliffe, J., Courvalin, P., Jensen, L.B., Rood, J., Seppala, H. *Antimicrobial agents and chemotherapy* 1999 43(12), 2823-2830.
. Eady, E.A., Ross, J.I., Tipper, J.L., Walters, C.E., Cove, J.H., Noble, W.C. *Journal of Antimicrobial Chemotherapy* 1993 31(2), 211-217.
. Jenssen, W.D., Thakker-Varia, S., Dubin, D.T., Weinstein, M.P. *Antimicrobial agents and chemotherapy* 1987 31(6), 883-888.
. Ross, J.I., Eady, E.A., Cove, J.H., Cunliffe, W.J., Baumberg, S., Wootton, J.C. *Molecular microbiology* 1990 4(7), 1207.
. Woods, C.R. *The Pediatric infectious disease journal* 2009 28(12), 1115-1118.
. Chung, W.O., Werckenthin, C., Schwarz, S., Roberts, M.C. *Journal of Antimicrobial Chemotherapy* 1999 43(1), 5-14.
. Thakker-Varia, S., Jenssen, W.D., Moon-McDermott, L., Weinstein, M.P., Dubin, D.T. *Antimicrobial agents and chemotherapy* 1987 31(5), 735-743.
. Reynolds, E., Ross, J.I., Cove, J.H. *International journal of antimicrobial agents* 2003 22(3), 228-236.
. Lina, G., Quaglia, A., Reverdy, M.-E., Leclercq, R., Vandenesch, F.o., Etienne, J. *Antimicrobial agents and chemotherapy* 1999 43(5), 1062-1066.
. Schreckenberger, P.C., Ilendo, E., Ristow, K.L. *Journal of Clinical Microbiology* 2004 42(6), 2777-2779.
. Werckenthin, C., Schwarz, S. *Journal of Antimicrobial Chemotherapy* 2000 46(5), 785788.
. Weisblum, B., Demohn, V. *Journal of bacteriology* 1969 98(2), 447-452.
. Leclercq, R., Courvalin, P. *Antimicrobial agents and chemotherapy* 1991 35(7), 1267.
. Otsuka, T., Zaraket, H., Takano, T., Saito, K., Dohmae, S., Higuchi, W., Yamamoto, T. *Clinical microbiology and infection* 2007 13(3), 325.
. Aktas, Z., Aridogan, A., Kayacan, C.B., Aydin, D. *Journal of microbiology (Seul, Coreia)* 2007 45(4), 286.
. Spiliopoulou, I., Petinaki, E., Papandreou, P., Dimitracopoulos, G. *Journal of Antimicrobial Chemotherapy* 2004 53(5), 814-817.
. Schmitz, F.J., Sadurski, R., Kray, A., Boos, M., Geisel, R., Kohrer, K., Verhoef, J., Fluit, A.C. *J Antimicrob Chemother* 2000 45(6), 891-894.
. Lim, J.A., Kwon, A.R., Kim, S.K., Chong, Y., Lee, K., Choi, E.C. *J Antimicrob Chemother* 2002 49(3), 489-495.
. Chopra, I., Roberts, M. *Microbiology and molecular biology reviews* 2001 65(2), 232260.
. Schnappinger, D., Hillen, W. *Arch Microbiol* 1996 165(6), 359-369.
. Roberts, M.C. *FEMS microbiology letters* 2005 245(2), 195-203.
. Speer, B.S., Shoemaker, N.B., Salyers, A.A. *Clinical microbiology reviews* 1992 5(4), 387-399.
. Coates, P., Vyakrnam, S., Eady, E.A., Jones, C.E., Cove, J.H., Cunliffe, W.J. *British Journal*

of Dermatology 2002 146(5), 840-848.
. Bismuth, R., Zilhao, R., Sakamoto, H., Guesdon, J.L., Courvalin, P. *Antimicrobial agents and chemotherapy* 1990 34(8), 1611-1614.
. Jones, C.H., Tuckman, M., Howe, A.Y.M., Orlowski, M., Mullen, S., Chan, K., Bradford, P.A. *Antimicrobial agents and chemotherapy* 2006 50(2), 505-510.
. Warsa, U.C., Nonoyama, M., Ida, T., Okamoto, R., Okubo, T., Shimauchi, C., Kuga, A., Inoue, M. *The Journal of antibiotics* 1996 49(11), 1127-1132.
. Kramer, A., Schwebke, I., Kampf, G.n. *BMC infectious diseases* 2006 6(1), 130.
. Boyce, J.M., Potter-Bynoe, G., Chenevert, C., King, T. *Infection Control and Hospital Epidemiology* 1997 622-627.
. Bischoff, W.E., Wallis, M.L., Tucker, B.K., Reboussin, B.A., Pfaller, M.A., Hayden, F.G., Sherertz, R.J. *The Journal of Infectious Diseases* 2006 1119-1126.
. Lidwell, O.M., Brock, B., Shooter, R.A., Cooke, E.M., Thomas, G.E. *Journal of hygiene* 1975 75(03), 445-474.
. Mortimer Jr, E.A., Wolinsky, E., Gonzaga, A.J., Rammelkamp Jr, C.H. *British medical journal* 1966 1(5483), 319.
. Williams, R.E. *Bacteriological reviews* 1966 30(3), 660.
. Shiomori, T., Miyamoto, H., Makishima, K., Yoshida, M., Fujiyoshi, T., Udaka, T., Inaba, T., Hiraki, N. *Journal of Hospital Infection* 2002 50(1), 30-35.
. Church, D., Elsayed, S., Reid, O., Winston, B., Lindsay, R. *Clinical microbiology reviews* 2006 19(2), 403-434.
. Erol, S., Altoparlak, U., Akcay, M.N., Celebi, F., Parlak, M. *Burns* 2004 30(4), 357-361.
. Farrington, M., Ling, J., Ling, T., French, G.L. *Epidemiologia e infeção* 1990 105(02), 215-228.
Fluit, A.C., Wielders, C.L.C., Verhoef, J., Schmitz, F.J. *Journal of Clinical Microbiology* 2001 39(10), 3727-3732.
. Boyce, J.M., White, R.L., Causey, W.A., Lockwood, W.R. *Jama* 1983 249(20), 28032807.
. Cook, N. *Burns* 1998 24(2), 91-98.
. Hacek, D.M., Suriano, T., Noskin, G.A., Kruszynski, J., Reisberg, B., Peterson, L.R. *American journal of clinical pathology* 1999 111(5), 647-654.
. Rubin, R.J., Harrington, C.A., Poon, A., Dietrich, K., Greene, J.A., Moiduddin, A. *Emerging infectious diseases* 1999 5(1), 9.
. Kaiser, M.L., Thompson, D.J., Malinoski, D., Lane, C., Cinat, M.E. *Journal of Burn Care & Research* 2011 32(3), 429-434.
. Olivo, T.E.T., de Melo, E.C., Rocha, C., Fortaleza, C.M.C.B. *Burns* 2009 35(8), 11041111.
. Wibbenmeyer, L., Williams, I., Ward, M., Xiao, X., Light, T., Latenser, B., Lewis, R., Kealey, G.P., Herwaldt, L. *Journal of Burn Care & Research* 2010 31(2), 269-279.
. Chambers, H.F. *Doenças infecciosas emergentes* 2001 7(2), 178
. Andrade, C., Champagne, S., Caruso, D., Foster, K., Reynolds, K. *American journal of infection control* 2009 37(6), 515-517.
. Rutala, W.A., Katz, E.B., Sherertz, R.J., Sarubbi, F.A. *Journal of Clinical Microbiology* 1983 18(3), 683-688.
. Gehanno, J.F., Louvel, A., Nouvellon, M., Caillard, J.F., Pestel-Caron, M. *Journal of Hospital Infection* 2009 71(3), 256-262.
. Neely, A.N., Maley, M.P. *Journal of clinical microbiology* 2000 38(2), 724-726.
. Otter, J.A., Yezli, S., French, G.L. *Controlo de Infecções* 2011 32(07), 687-699.
. Morel, A.-S., Wu, F., Della-Latta, P., Cronquist, A., Rubenstein, D., Saiman, L. *American journal of infection control* 2002 30(3), 170-173.
. Oliveira, D.C., de Lencastre, H.n. *Antimicrobial agents and chemotherapy* 2002 46(7), 2155-2161.
. Bannerman, T.L., Hancock, G.A., Tenover, F.C., Miller, J.M. *Journal of Clinical Microbiology* 1995 33(3), 551-555.
. Branger, C., Gardye, C., Galdbart, J.-O., Deschamps, C., Lambert, N. *Journal of Clinical Microbiology* 2003 41(7), 2946-2951.
. Ichiyama, S., Ohta, M., Shimokata, K., Kato, N., Takeuchi, J. *Journal of Clinical Microbiology* 1991 29(12), 2690-2695.
. Tenover, F.C., Arbeit, R.D., Goering, R.V., Mickelsen, P.A., Murray, B.E., Persing, D.H.,

Swaminathan, B. *Journal of Clinical Microbiology* 1995 33(9), 2233.
. Rafla, K., Tredget, E.E. *Burns* 2011 37(1), 5-15.
. Agnihotri, N., Gupta, V., Joshi, R.M. *Burns* 2004 30(3), 241-243.
. Hasan, R., Zafar, A., Abbas, Z., Mahraj, V., Malik, F., Zaidi, A. *The Journal of Infection in Developing Countries* 2008 2(04), 289-294.
. Mamishi, S., Pourakbari, B., Ashtiani, M.H., Hashemi, F.B. *Revista internacional de agentes antimicrobianos* 2005 26(5), 373-379.
. Mallick, S.K., Basak, S. *Tropical doctor* 2010 40(2), 108-110.
. Aligholi, M., Emaneini, M., Jabalameli, F., Shahsavan, S., Dabiri, H., Sedaght, H. *Medical principles and practice: international journal of the Kuwait University, Health Science Centre* 2007 17(5), 432-434.
. Perwaiz, S., Barakzi, Q., Farooqi, B.J., Khursheed, N., Sabir, N. *Journal-Pakistan Medical Association* 2007 57(1), 2.
. Hafiz, S., Hafiz, A.N., Ali, L., Chughtai, A.S., Memon, B., Ahmed, A., Hussain, S., Sarwar, G., Mughal, T., Awan, A. *J Pak Med Assoc* 2002 52(7), 312-314.
. Ullah, F., Malik, S.A., Ahmed, J., Shah, S.M., Ayaz, M., Hussain, S., Khatoon, L. *Tropical Journal of Pharmaceutical Research* 2013 11(6), 925-931.
. Muhammad, N., Adil, M., Naz, S.M., Abbas, S.H., Khan, M. *J Postgrad Med Inst* 2013 27(1), 42Y47.
. Wayne, P., EUA, . 2011.
. Sander, C., Kalka-Moll, W., Scopes, E. *Actas da Conferência, 21.º ECCMID/27.º ICC, Milão, Itália)* 2011 P1035.
. Bignardi, G.E., Woodford, N., Chapman, A., Johnson, A.P., Speller, D.C.E. *Journal of Antimicrobial Chemotherapy* 1996 37(1), 53-63.
. Brakstad, O.G., Aasbakk, K., Maeland, J.A. *Journal of clinical microbiology* 1992 30(7), 1654-1660.
. Kumari, D.N., Keer, V., Hawkey, P.M., Parnell, P., Joseph, N., Richardson, J.F., Cookson, B. *Journal of clinical microbiology* 1997 35(4), 881-885.
. Ericsson, H.M., Sherris, J.C. *Ata pathologica et microbiologica Scandinavica. Secção B: Microbiologia e imunologia* 1970 217Suplemento 217: 211+-211+.
. Wiegand, I., Hilpert, K., Hancock, R.E.W. *Nature protocols* 2008 3(2), 163-175.
. Jones, R.N., Castanheira, M., Rhomberg, P.R., Woosley, L.N., Pfaller, M.A. *J Clin Microbiol* 2010 48(3), 972-976.
. Leclercq, R., Bauduret, F., Soussy, C.J. *Pathol Biol (Paris)* 1989 37(5 Pt 2), 568-572.
. McDougal, L.K., Steward, C.D., Killgore, G.E., Chaitram, J.M., McAllister, S.K., Tenover, F.C. *Journal of Clinical Microbiology* 2003 41(11), 5113-5120.
. Lalitha, M.K. 2004. Manual on Antimicrobial Susceptibility Testing (Manual sobre testes de suscetibilidade antimicrobiana). Departamento de Microbiologia, Christian Medical College, Vellore, Tamil Nadu.
. Naimi, T.S., LeDell, K.H., Como-Sabetti, K., Borchardt, S.M., Boxrud, D.J., Etienne, J., Johnson, S.K., Vandenesch, F., Fridkin, S., O'Boyle, C. *Jama* 2003 290(22), 2976-2984.
. Mehtar, S., Wiid, I., Todorov, S.D. *Journal of Hospital Infection* 2008 68(1), 45-51.
. Solberg, C.O. *Scandinavian journal of infectious diseases* 2000 32(6), 587-595.
. Doern, G.V., Jones, R.N., Pfaller, M.A., Kugler, K.C., Beach, M.L. *Diagn Microbiol Infect Dis* 1999 34(1), 65-72.
. Jones, M.E., Karlowsky, J.A., Draghi, D.C., Thornsberry, C., Sahm, D.F., Nathwani, D. *Int J Antimicrob Agents* 2003 22(4), 406-419.
. Sader, H.S., Jones, R.N., Gales, A.C., Winokur, P., Kugler, K.C., Pfaller, M.A., Doern, G.V. *Diagn Microbiol Infect Dis* 1998 32(4), 289-301.
. Ali, A.M., Abbasi, S.A., Arif, S., Mirza, I.A. *Pak J Med Research* 2007 23(4), 593-596.
. McCaig, L.F., McDonald, L.C., Mandal, S., Jernigan, D.B. *Emerg Infect Dis* 2006 12(11), 1715-1723.
. Schwalbe, R.S., Stapleton, J.T., Gilligan, P.H. *N Engl J Med* 1987 316(15), 927-931.
. Hiramatsu, K., Hanaki, H., Ino, T., Yabuta, K., Oguri, T., Tenover, F.C. *J Antimicrob Chemother* 1997 40(1), 135-136.
. www.cdc.com.
. Siddiqi, S., Hamid, S., Rafique, G., Chaudhry, S.A., Ali, N., Shahab, S., Sauerborn, R. *The*

International journal of health planning and management 2002 17(1), 23-40.
. Younus, A., Faiz, M., Saleem, M., Saghir, S. *J Chemother* 2009 21(1), 31-35.
. Zafar, S.N., Syed, R., Waqar, S., Irani, F.A., Saleem, S. *BMC public health* 2008 8(1), 162.
. Kleinschmidt, S.L., Munckhof, W.J., Nimmo, G.R. *Int J Antimicrob Agents* 2006 27(2), 168-170.
. Gould, F.K., Brindle, R., Chadwick, P.R., Fraise, A.P., Hill, S., Nathwani, D., Ridgway, G.L., Spry, M.J., Warren, R.E. *J Antimicrob Chemother* 2009 63(5), 849-861.
. Kedzierska, A., Kapinska-Mrowiecka, M., Czubak-Macugowska, M., Wojcik, K., Kedzierska, J. *Br J Dermatol* 2008 159(6), 1290-1299.
. Hussain, W., Ikram, A., Butt, T., Faraz, A., Hussain, A., Wiqar, M.A. *Pak J Path* 2008 19(1), 12-15.
. Ravenscroft, J.C., Layton, A.M., Eady, E.A., Murtagh, M.S., Coates, P., Walker, M., Cove, J.H. *British Journal of Dermatology* 2003 148(5), 1010-1017.
. Balbi, H.J. *Pediatr Rev* 2004 25(8), 284-288.
. Vorobieva, V., Bazhukova, T., Hanssen, A.M., Caugant, D.A., Semenova, N., Haldorsen, B.C., Simonsen, G.S., Sundsfjord, A. *APMIS* 2008 116(10), 877-887.
. Blandino, G., Marchese, A., Ardito, F., Fadda, G., Fontana, R., Lo Cascio, G., Marchetti, F., Schito, G.C., Nicoletti, G. *Int J Antimicrob Agents* 2004 24(5), 515-518.
. Tillotson, G.S., Draghi, D.C., Sahm, D.F., Tomfohrde, K.M., Del Fabro, T., Critchley, I.A. *J Antimicrob Chemother* 2008 62(1), 109-115.
. Vakulenko, S.B., Mobashery, S. *Clinical microbiology reviews* 2003 16(3), 430-450.
. Zembower, T.R., Noskin, G.A., Postelnick, M.J., Nguyen, C., Peterson, L.R. *International journal of antimicrobial agents* 1998 10(2), 95-105.
. Emaneini, M., Taherikalani, M., Eslampour, M.-A., Sedaghat, H., Aligholi, M., Jabalameli, F., Shahsavan, S., Sotoudeh, N. *Microbial Drug Resistance* 2009 15(2), 129132.
. Fu, J., Ye, X., Chen, C., Chen, S. *PloS one* 2013 8(3), e58240.
. Kaleem, F., Usman, J., Khalid, A., Hassan, A., Omair, M. *J Pak Med Assoc* 2011 61(4), 356-359.
. Kaleem, F., Usman, J., Hassan, A., Omair, M., Khalid, A., Uddin, R. *Iran J Microbiol* 2010 2(3), 143-146.
. Bukhari, S.Z., Ahmed, S., Zia, N. *J Ayub Med Coll Abbottabad* 2011 23(1), 139-142.
. Weisblum, B. *Antimicrob Agents Chemother* 1995 39(3), 577-585.
. Fiebelkorn, K.R., Crawford, S.A., McElmeel, M.L., Jorgensen, J.H. *Journal of Clinical Microbiology* 2003 41(10), 4740-4744.
. Sturm, A.W., van der Pol, R., Smits, A.J., van Hellemondt, F.M., Mouton, S.W., Jamil, B., Minai, A.M., Sampers, G.H. *J Antimicrob Chemother* 1997 39(4), 543-547.
. Moet, G.J., Jones, R.N., Biedenbach, D.J., Stilwell, M.G., Fritsche, T.R. *Diagn Microbiol Infect Dis* 2007 57(1), 7-13.
. Reyes, J., Hidalgo, M., Diaz, L., Rincon, S., Moreno, J., Vanegas, N., Castaneda, E., Arias, C.A. *Int J Infect Dis* 2007 11(4), 329-336.
. Otsuka, T., Zaraket, H., Takano, T., Saito, K., Dohmae, S., Higuchi, W., Yamamoto, T. *Clin Microbiol Infect* 2007 13(3), 325-327.
. Kim, H.B., Lee, B., Jang, H.C., Kim, S.H., Kang, C.I., Choi, Y.J., Park, S.W., Kim, B.S., Kim, E.C., Oh, M.D., Choe, K.W. *Microb Drug Resist* 2004 10(3), 248-254.
. Saribas, Z., Tunckanat, F., Pinar, A. *Clin Microbiol Infect* 2006 12(8), 797-799.
. Garau, J., Bouza, E., Chastre, J., Gudiol, F., Harbarth, S. *Clin Microbiol Infect* 2009 15(2), 125-136.
. Diekema, D.J., Pfaller, M.A., Schmitz, F.J., Smayevsky, J., Bell, J., Jones, R.N., Beach, M. *Clin Infect Dis* 2001 32 Suppl 2S114-132.
. Johnson, J.R., Gajewski, A., Lesse, A.J., Russo, T.A. *J Clin Microbiol* 2003 41(12), 5798-5802.
. Bukhari, M.H., Iqbal, A., Khatoon, N., Iqbal, N., Iqbal, S., Qureshi, G.R., Naveed, I.A. *Pak J Med Sci* 2004 20(3), 229-233.
. Baranovich, T., Zaraket, H., Shabana, II, Nevzorova, V., Turcutyuicov, V., Suzuki, H. *Clin Microbiol Infect* 2009.
. Galkowska, H., Podbielska, A., Olszewski, W.L., Stelmach, E., Luczak, M., Rosinski, G., Karnafel, W. *Diabetes Res Clin Pract* 2009 84(2), 187-193.

. Cui, S., Li, J., Hu, C., Jin, S., Li, F., Guo, Y., Ran, L., Ma, Y. *J Antimicrob Chemother* 2009.
. Kehrenberg, C., Cuny, C., Strommenger, B., Schwarz, S., Witte, W. *Antimicrob Agents Chemother* 2009 53(2), 779-781.
. Murray, C.K., Holmes, R.L., Ellis, M.W., Mende, K., Wolf, S.E., McDougal, L.K., Guymon, C.H., Hospenthal, D.R. *Burns* 2009.
. Iqbal, K., Khan, M.I., Satti, L. *Gomal Journal of Medical Sciences* 2011 9(2).
. Malik, N., Butt, T., Arfan ul, B. *J Coll Physicians Surg Pak* 2009 19(5), 287-290.
. Naeem, M., Adil, M., Naz, S.M., Abbas, S.H., Khan, A., Khan, M.U. *Jornal do Instituto de Pós-Graduação Médica (Peshawar-Paquistão)* 2013 27(1).
. Zafar, A., Stone, M., Ibrahim, S., Parveen, Z., Hasan, Z., Khan, E., Hasan, R., Wain, J., Bamford, K. *J Med Microbiol* 2011 60(Pt 1), 56-62.
. Askarian, M., Zeinalzadeh, A., Japoni, A., Alborzi, A., Memish, Z.A. *Int J Infect Dis* 2009.
. Farzana, K., Rashid, Z., Akhtar, N., Sattar, A., Khan, J.A., Nasir, B. *Pak J Pharm Sci* 2008 21(3), 290-294.
. Marais, E., Aithma, N., Perovic, O., Oosthuysen, W.F., Musenge, E., Duse, A.G. *S Afr Med J* 2009 99(3), 170-173.
. Neela, V., Sasikumar, M., Ghaznavi, G.R., Zamberi, S., Mariana, S. *Southeast Asian J Trop Med Public Health* 2008 39(5), 885-892.
. Wilson, P., Andrews, J.A., Charlesworth, R., Walesby, R., Singer, M., Farrell, D.J., Robbins, M. *Journal of Antimicrobial Chemotherapy* 2003 51(1), 186-188.
. Weigelt, J., Kaafarani, H., Itani, K.M.F., Swanson, R.N. *The American journal of surgery* 2004 188(6), 760-766.
. Draghi, D.C., Sheehan, D.J., Hogan, P., Sahm, D.F. *Antimicrobial agents and chemotherapy* 2005 49(12), 5024-5032.
. Jones, R.N., Ross, J.E., Fritsche, T.R., Sader, H.S. *Journal of Antimicrobial Chemotherapy* 2006 57(2), 279-287.
. Potoski, B.A., Adams, J., Clarke, L., Shutt, K., Linden, P.K., Baxter, C., Pasculle, A.W., Capitano, B., Peleg, A.Y., Paterson, D.L. *Clinical Infectious Diseases* 2006 43(2), 165171.
. Tsiodras, S., Gold, H.S., Sakoulas, G., Eliopoulos, G.M., Wennersten, C., Venkataraman, L., Moellering, R.C., Ferraro, M.J. *Lancet* 2001 358(9277), 207.
. Aubry-Damon, H.l.n., Soussy, C.-J., Courvalin, P. *Antimicrobial agents and chemotherapy* 1998 42(10), 2590-2594.
. Yameen, M.A., Nasim, H., Akhtar, N., Iram, S., Javed, I., Hameed, A. *African journal of microbiology research* 2010 4(3), 204-209.
. Idrees, F., Jabeen, K., Khan, M.S., Zafar, A. *Jornal da Associação Médica do Paquistão* 2009 59(5), 266.
. Perveen, I., Majid, A., Knawal, S., Naz, I., Sehar, S., Ahmed, S., Raza, M.A. *Br J Med Med Res* 2013 3(1), 198-209.
. Rehm, S.J. *Cleve Clin J Med* 2008 75(3), 177-180, 183-176, 190-172.
. Saidel-Odes, L., Riesenberg, K., Schlaeffer, F., Borer, A. *J Infect* 2009 58(2), 119-122.
. Blot, S.I., Vandewoude, K.H., Hoste, E.A., Colardyn, F.A. *Arch Intern Med* 2002 162(19), 2229-2235.
. Shittu, A.O., Lin, J. *BMC Infect Dis* 2006 6125.
. Nashev, D., Toshkova, K., Bizeva, L., Akineden, O., Lammler, C., Zschock, M. *Lett Appl Microbiol* 2007 45(6), 681-685.
. Peacock, S.J., Moore, C.E., Justice, A., Kantzanou, M., Story, L., Mackie, K., O'Neill, G., Day, N.P. *Infect Immun* 2002 70(9), 4987-4996.
. Garbacz, K., Dajnowska-Stanczewa, A., Piechowicz, L. *Med Dosw Mikrobiol* 2007 59(3), 201-206.
. Seguin, J.C., Walker, R.D., Caron, J.P., Kloos, W.E., George, C.G., Hollis, R.J., Jones, R.N., Pfaller, M.A. *J Clin Microbiol* 1999 37(5), 1459-1463.
. Marcos, J.Y., Soriano, A.C., Salazar, M.S., Moral, C.H., Ramos, S.S., Smeltzer, M.S., Carrasco, G.N. *J Clin Microbiol* 1999 37(3), 570-574.
. Chiang, Y.C., Liao, W.W., Fan, C.M., Pai, W.Y., Chiou, C.S., Tsen, H.Y. *Int J Food Microbiol* 2008 121(1), 66-73.
. Omoe, K., Hu, D.L., Takahashi-Omoe, H., Nakane, A., Shinagawa, K. *FEMS Microbiol Lett* 2005 246(2), 191-198.

. Skiest, D.J., Brown, K., Cooper, T.W., Hoffman-Roberts, H., Mussa, H.R., Elliott, A.C. *J Infect* 2007 54(5), 427-434.
. Baggett, H.C., Hennessy, T.W., Leman, R., Hamlin, C., Bruden, D., Reasonover, A., Martinez, P., Butler, J.C. *Infect Control Hosp Epidemiol* 2003 24(6), 397-402.
. Kazakova, S.V., Hageman, J.C., Matava, M., Srinivasan, A., Phelan, L., Garfinkel, B., Boo, T., McAllister, S., Anderson, J., Jensen, B., Dodson, D., Lonsway, D., McDougal, L.K., Arduino, M., Fraser, V.J., Killgore, G., Tenover, F.C., Cody, S., Jernigan, D.B. *N Engl J Med* 2005 352(5), 468-475.
. Ellington, M.J., Hope, R., Ganner, M., East, C., Brick, G., Kearns, A.M. *J Antimicrob Chemother* 2007 60(2), 402-405.
. Seybold, U., Kourbatova, E.V., Johnson, J.G., Halvosa, S.J., Wang, Y.F., King, M.D., Ray, S.M., Blumberg, H.M. *Clin Infect Dis* 2006 42(5), 647-656.
. El-Ghodban, A., Ghenghesh, K.S., Marialigeti, K., Esahli, H., Tawil, A. *J Med Microbiol* 2006 55(Pt 2), 179-182.
. Shimaoka, M., Yoh, M., Takarada, Y., Yamamoto, K., Honda, T. *J Med Microbiol* 1996 44(3), 215-218.
. Bohach, G.A., Kreiswirth, B.N., Novick, R.P., Schlievert, P.M. *Rev Infect Dis* 1989 11 Suppl 1S75-81; discussão S81-72.
. De Boer, M.L., Chow, A.W. *J Infect Dis* 1994 170(4), 818-827.
. Johnson, W.M., Tyler, S.D., Ewan, E.P., Ashton, F.E., Pollard, D.R., Rozee, K.R. *J Clin Microbiol* 1991 29(3), 426-430.
. Kodama, T., Santo, T., Yokoyama, T., Takesue, Y., Hiyama, E., Imamura, Y., Murakami, Y., Tsumura, H., Shinbara, K., Tatsumoto, N., Matsuura, Y. *Surg Today* 1997 27(9), 816825.
. Bergdoll, M.S., Crass, B.A., Reiser, R.F., Robbins, R.N., Davis, J.P. *Lancet* 1981 1(8228), 1017-1021.
. Crnich, C.J., Safdar, N., Maki, D.G. *Respiratory Care* 2005 50(6), 813-838.
. Rodrigues, M.V.P., Fortaleza, C.M.C.B., Riboli, D.F.v.M., Rocha, R.S., Rocha, C., Cunha, M.d.L.R.d. *Burns* 1998.
. Trieu-Cuot, P., Poyart-Salmeron, C., Carlier, C., Courvalin, P. *Nucleic Acids Res* 1990 18(12), 3660.

Apêndice 1

PROFORMA DO PACIENTE PARA O PROJECTO DE doutoramento

Não. ___________ Laboratório. Não. _________ Data ______________________

Nome do paciente______________ Idade __________ Sexo ______________________

Doente / ambulatório Ala / cama n.º. ______________________

Caraterísticas clínicas ____

Infeção adquirida na comunidade____________ Infeção adquirida no hospital__________

Historial de antibióticos ____

Amostra Pus HVS Sangue Esputo

Teste efectuado:

Coloração de Gram: Gram positivo

Catalase ________________

Coagulase ______________

DNAasa ________________

Novobiocina ____________

MSA ____________________

Micro-organismo identificado ____

S.N.	Antibiótico	Símbolo	Força de Antibiótico em flg	Zona de Inibição	MIC	R-I-S	Observações
1	Amoxicilina + ácido clualínico	AMC	20+10				
2	Ampicilina	AMP	10				
3	Cefadrina	CE	30				
4	Cefaclor	CEC	30				
5	Ceftazdime	CAZ	30				
6	Cefixima	CFM	5				
7	Cefepima	FEP	30				
8	Cefpiroma	CPO	30				
9	Ciprofloxacina	CIP	5				
10	Claritromicina	CLR	15				

11	Meropenem	MEM	10				
12	Gentamicina	CN	10				
13	Amicacina	AK	30				
14	Doxiciclina	DO	30				
15	Trimetoprim +Sulfametoxazol	SXT	25				
16	Vancomicina	VA	30				
17	Linezolida	LZD	30				
18	Ácido fusídico	FD	10				
19	Rifampicina	RD	5				
20	Cloanfenicol	C	30				
21	Cefoxitina	FOX	30				

Apêndice 2

PROFORMA PARA AS AMOSTRAS AMBIENTAIS NO PROJECTO DE DOUTORAMENTO

Laboratório. Não. __ Data ______________________________

Bairro/Área ______________________

Local de amostragem ______________________________

Amostra Zaragatoa húmida estéril

Teste efectuado:

Coloração de Gram: ____________

Catalase ____________

Coagulase ____________

DNase ____________

Novobiocina ____________

MSA ____________

Micro-organismo identificado ______________________________

S.N.	Antibiótico	Símbolo	Força de Antibiótico em hg	Zona de Inibição	MIC	R-I-S	Observações
1	Amoxicilina + ácido clualínico	AMC	20+10				
2	Ampicilina	AMP	10				
3	Cefadrina	CE	30				
4	Cefaclor	CEC	30				
5	Ceftazdime	CAZ	30				
6	Cefixima	CFM	5				
7	Cefepima	FEP	30				
8	Cefpiroma	CPO	30				
9	Ciprofloxacina	CIP	5				
10	Claritromicina	CLR	15				
11	Meropenem	MEM	10				
12	Gentamicina	CN	10				
13	Amicacina	AK	30				
14	Doxiciclina	DO	30				
15	Trimetoprim +Sulfametoxazol	SXT	25				
16	Vancomicina	VA	30				

17	Linezolida	LZD	30				
18	Ácido fusídico	FD	10				
19	Rifampicina	RD	5				
20	Cloanfenicol	C	30				
21	Cefoxitina	FOX	30				

Printed by Books on Demand GmbH, Norderstedt / Germany